厦门理工学院教材建设基金资助项

水务工程专业
课程设计指导书

朱木兰　刘光生　编著

吉林大学 出版社

图书在版编目(CIP)数据

水务工程专业课程设计指导书 / 朱木兰，刘光生编
著. —长春：吉林大学出版社，2019.6
ISBN 978-7-5692-5001-5

Ⅰ. ①水… Ⅱ. ①朱… ②刘… Ⅲ. ①水利工程—课
程设计—高等学校—教学参考资料 Ⅳ. ① TV512-41

中国版本图书馆 CIP 数据核字 (2019) 第 128263 号

书　　名：水务工程专业课程设计指导书
SHUIWU GONGCHENG ZHUANYE KECHENG SHEJI ZHIDAOSHU

作　　者：朱木兰　刘光生　编著
策划编辑：邵宇彤
责任编辑：刘守秀
责任校对：李潇潇
装帧设计：优盛文化
出版发行：吉林大学出版社
社　　址：长春市人民大街 4059 号
邮政编码：130021
发行电话：0431-89580028/29/21
网　　址：http://www.jlup.com.cn
电子邮箱：jdcbs@jlu.edu.cn
印　　刷：定州启航印刷有限公司
成品尺寸：170mm×240mm　　16 开
印　　张：13
字　　数：245 千字
版　　次：2019 年 6 月第 1 版
印　　次：2019 年 6 月第 1 次
书　　号：ISBN 978-7-5692-5001-5
定　　价：59.00 元

前　言

近年来，城市内涝、水资源短缺及水体污染等一系列城市水问题日益突出，成为社会关注的焦点。如何化解城市水危机成了我们的当务之急，它关系到城市的可持续发展。"问渠那得清如许？为有源头活水来"，传统的末端治水方式难以化解城市水危机问题，需要加强城市水务从源头至末端各个环节的治理。水务工程专业是顺应我国从传统的多龙管水向现代的水务管理一体化转换的新时代需求，为一体化解决城市各类水问题而发展起来的一门新的本科专业。该专业涉及三大学科，即水利学科、土木工程学科、环境科学与工程学科的专业知识，体现了不同学科之间知识的相互交叉与渗透。

本书着眼于水务工程这样一门涉及多学科知识的新兴本科专业，围绕该专业教学培养方案所涉及的课程设计实践教学内容进行编写，其内容涵盖了城市水务从源头至末端各个环节的工程设计问题，交叉融合了水利学科、土木工程学科、环境科学与工程学科的专业知识。

本书除了可作为高等院校水务工程专业的课程设计实践教学用书之外，亦可作为给水排水工程专业、水文与水资源工程专业以及环境工程专业等相关专业的课程设计实践教学用书。此外，还可供这些相关专业的工程技术人员参考。

本书编写具有如下特点：

（1）注重内容的完整性：本书内容涵盖了城市水务从源头至末端的各类工程设计问题，既设置了水资源利用与管理、城市防洪与排涝课程设计等水利工程领域的实践教学内容，又设置了给水、排水管网课程设计等市政工程领域的实践教学内容，此外还设置了给水、排水处理等既与市政工程相关又与环境工程领域相关的内容。这些内容串联起来形成了一个比较完整的、涵盖了城市水务从源头至末端的各类工程设计问题的实践教学体系。

（2）注重内容的更新：注重采用新标准、新图例、新案例，以指导学生根据新标准进行课程设计。

（3）注重启发引导：注重启发学生的思维，避免局限学生的想象力。例如，给水、排水管网课程设计提供多种形式的工程案例供学生参考，有些案例提供部分视图，让学生勤思考、多分析，以做出合理的管网设计方案。

（4）重视实践：本教材力求体现"以学习产出为本"的教学理念，强调设计的规范性和严谨性，注重培养学生理论联系实际的动手能力。

参与本书编写的有厦门理工学院的朱木兰、刘光生、李国新、赵超、陈国元和王吉苹。全书由朱木兰、刘光生担任主编，前言与第1章由朱木兰、刘光生编写，第2章由赵超编写，第3章和第4章由朱木兰编写，第5章和第6章由李国新编写，第7章由王吉苹编写，第8章由陈国元编写，第9章由刘光生、赵超编写。本书在编写过程中，参考并引用了国内外同行的教材、参考书、手册、期刊文献和网络资料，限于篇幅，不能在文中一一列举，在此一并对其作者和单位谨致谢意！

由于编者水平有限，书中难免存在错误和欠妥之处，真诚希望广大读者能提出宝贵意见。书中错误或欠妥之处请函告：福建省厦门市集美区理工路600号厦门理工学院环境科学与工程学院刘光生，邮编为361024；或发电子邮件至 liugs @ xmut.edu.cn。

编者

2018 年 10 月

目 录

第 1 章　概述

本教材作为水务工程专业课程设计的实用教材，各课程设计力求体现相对应的理论课程教学重点、难点，力求培养学生掌握综合运用理论课程的知识要点进行实际工程设计的方法。这对培养学生应用水务工程专业理论知识的能力、提升学生的综合素质具有重要意义。

1.1　课程设计的内容组成

本教材包含厦门理工学院水务工程专业培养方案中的 8 门课程设计，融合了水利工程、土木工程、环境科学与工程三个学科的专业知识。这 8 门课程设计分别对应水务工程专业的 7 门核心理论课程，是课堂教学环节的继续、深入和发展，是培养学生综合应用所学专业理论知识分析并解决工程实际问题的重要实践性环节。这 8 门课程设计与 7 门理论课程的对应关系如下："水泵与水泵站课程设计"对应"水泵与水泵站"理论课程，"工程水文学课程设计"对应"工程水文学"理论课程，"水资源利用与管理课程设计"对应"水资源利用与管理"理论课程，"给水管网课程设计"与"排水管网课程设计"对应"给水排水管网系统"理论课程，"给水处理课程设计"对应"水质工程学Ⅰ"理论课程，"污水处理课程设计"对应"水质工程学Ⅱ"理论课程，"城市防洪与排涝课程设计"对应"城市防洪与排涝"理论课程。书中对每个课程设计均明确提出了教学目标、设计任务、设计要求，并提供设计指导。每个课程设计独立成章，每章均设有课程设计教学大纲、任务书、指导书三个小节。

在教学过程中，课程设计任务书和指导书是面向学生设置的，是指导学生完成整个课程设计的基础教学文件。课程设计任务书主要提供设计所需的基础资料，明确课程设计的具体任务和要求。本书中的任务书是参照实际工程需求而撰写的，以便学生能够与实际工作接轨。此外，为了培养学生独立思考和交流合作的能力，课程设计任务按同一题目、不同设计参数的方式进行安排，要求学生在同一设计题目下选择不同的设计参数，做到同一大题目下"一组一题"。这样既可以在一定程度上避免抄袭现象的发生，又有利于学生在课程设计过程中进行小组内的交流与合作，培养团队精神。

课程设计指导书的核心内容是课程设计要点的说明，主要是为学生自主完成设计任务提供必要的指导性意见，帮助学生了解设计的基本步骤与方法。主要工作仍然需要学生通过查阅相关文献和独立思考完成，其核心目的是让学生在必要的指导下自主完成设计任务。

此外，对于一些计算量较大的课程设计，指导书中的附录提供了完成课程设计所需的相关计算表格或设计范例。

1.2　课程设计的目的

课程设计是本科实践教学中的重要环节，是针对核心课程内容的专项训练，是学生在掌握相关理论课程知识要点的基础上，综合运用这些理论知识进行工程规划设计的方法和步骤。其目的是培养学生独立分析和解决问题的能力，培养学生初步运用设计图册、行业标准规范进行工程规划设计的能力，增强学生工程分析计算的能力。同时，课程设计还能使学生熟悉专业绘图及设计成果报告书的编写方法，加深对相关课程理论知识的理解，并具有相应的文献资料查阅和报告书写作等能力。

课程设计是在培养学生综合设计能力之前的一种阶段性训练，其难度介于习题作业和毕业设计之间。水务工程专业核心课程基本都设置了课程设计，这些课程设计在内容和教学时间上与核心理论课程彼此衔接，共同形成完整的训练体系，为学生综合设计能力的培养奠定了基础。此外，通过课程设计全面考查、了解学生对课程的掌握程度，发现理论课程教学中存在的问题和缺陷，从而进一步提高理论课程的教学质量。

第2章 水泵与水泵站课程设计

2.1 水泵与水泵站课程设计教学大纲

学分 / 学时：1 学分 /1 周
课程类型：独立设置实践环节
考核方式：考查
开课学期：春季学期（大二第二学期）
先修课程：流体力学
后续课程：水质工程学、城市防洪排涝等

2.1.1 课程性质与教学目标

1）课程性质

"水泵及水泵站课程设计"是水务工程专业重要的集中性实践环节之一。该课程的任务是使学生在掌握水泵及水泵站基本理论知识的基础上，进一步掌握水泵站的工艺设计步骤和设计方法，使学生所获得的专业知识更加系统化、整体化，以便于巩固和扩展所学的专业知识。本课程设计还可以训练学生工程设计的基本技能，提高学生的设计计算能力、编写说明书的能力和描述工程图纸的能力。

2）教学目标

（1）培养学生严谨的科学态度、严肃认真的学习和工作作风，树立正确的设计思想，形成科学的研究方法。

（2）培养学生独立工作的能力，包括收集设计资料、综合分析问题、理论计算、数据处理、工程制图、文字表达等能力。

（3）使学生得到较为全面的工程设计的初步训练。

（4）使学生掌握给水泵站设计的一般程序，学会灵活地处理复杂的工程问题。

（5）使学生学会编写"计算说明书"，按规范和标准绘制有关图纸。

（6）课程设计要求4人一组，一组一题，在教师指导下，集中时间、集中地点完成。

2.1.2 选题的原则

选题原则：课程设计的选题应当与生产实际紧密联系，应具有代表性和典型性，能充分反映"水泵与水泵站"课程的基本内容且分量适当。

题目难度、深度、广度分析：所选题目较多地反映了基础理论课程的教学内容，在生产实践中具有代表性、典型性，使学生能够得到本课程知识范围内较全面的技能训练。

2.1.3 课程设计内容

1）设计题目：A镇送水泵站初步设计

根据A镇的最大日供水量，确定泵站的设计水量为Q（m³/d），给水泵站拟采用分级供水：22点至次日5点，每小时供水量占全天供水量的2.5%；5点至22点，每小时供水量占全天供水量的4.85%。输水管和管网中的水头损失为5.86 m，自由水压为28 m，用水最不利点的地面标高为352.7 m，清水池最低水位为340.1 m，清水池至吸水井间的水头损失为0.1 m，吸水井到泵站距离为10 m，水厂地面标高为345 m，消防水量按45L/s计算，消防扬程10 m，消防时输水管和管网中的水头损失为7.50 m。

该地区年平均温度13.6 ℃，极端最高温度38.6 ℃，极端最低温度–17 ℃；该地区土壤属黄土类，最大冻土深度为68 cm；夏季平均气压为93 200 Pa；全年日照百分率为60%，冬季为63%；夏季室外平均风速为2.6 m/s，冬季室外平均风速为1.7 m/s。

各组最大日供水量：

$$Q=20000+5000 \times 组号 \tag{2-1}$$

对该送水泵站进行初步设计。

2）设计任务

（1）城市送水泵站技术设计的工艺部分。

① 设计流量的确定和设计扬程估算。

② 初选水泵和电机。

③ 机组基础尺寸的确定。

④ 泵房形式的选择。

⑤ 吸水管路与压水管路直径：选用各种配件和阀件的型号、规格及安装尺寸。

⑥ 吸水井设计：尺寸和水位。

⑦ 机组与管道布置。

⑧ 泵房中各标高的确定：室内地面，基础顶面，水泵安装高度，泵房建筑高度。

⑨ 复核水泵及电机：计算吸水管及泵站内压水管水头损失、求出总扬程、校核所选水泵，如不合适，则重选水泵及电机。重新确定泵站的各级供水量。

⑩ 进行消防校核。

⑪ 辅助设备的选择。

⑫ 泵房平面尺寸的确定：泵房的长度和宽度；总平面布置，包括配电室、机器间、值班室、修理间等。

（2）图纸要求。根据设计计算选出的各种设备进行水泵房设备布置。应绘制：

① 送水泵站平面图（比例为 1：200）（包括主要设备机组位置，吸、压水管路位置及其他附属设备机组的位置），列出主要设备表和材料表。

② 给水泵站剖面图（比例尺为 1：100）（包括主要设备机组标高，吸、压水管路标高及其他附属设备机组的标高）。

平面图和剖面图上应注明水泵机组位置、管路系统、管件尺寸、各设备之间以及设备与建筑维护之间相对位置尺寸及标高。图纸尺寸、标题栏等均应按给水排水制图标准绘制。

2.1.4　课程设计时间进程

课程设计时间为 1 周。

（1）布置任务并进行任务讲解（0.5 天）。

（2）查资料，初步计算和方案选择（0.5 天）。

（3）设计计算（1 天）。

（4）机组布置和制图（1.5 天）。

（5）撰写计算说明书（1 天）。

（6）成果整理，准备答辩（0.5 天）。

2.1.5　课程设计成绩的评定方法及评分标准

课程设计考核方式：课程设计根据平时考勤、计算说明书和设计图纸完成情况进行评定考核。凡成绩不合格者，必须重修。

课程设计成绩评定标准：学生的成绩由三部分组成，即平时成绩、计算说明书的考核成绩、设计图纸的考核成绩。平时成绩占总评成绩的20%，根据考勤、设计过程中基本概念是否清楚、是否能够独立完成设计等几方面评定；计算说明书的考核成绩占总评成绩的40%，评分标准是计算说明书内容是否完整、准确，书写是否工整等；设计图纸的考核成绩占总评成绩的40%，评分标准是设计图纸内容是否完整、正确，图纸表达是否符合规范等。课程设计的成绩按优秀、良好、中等、及格和不及格五级评定。

2.2　水泵与水泵站课程设计任务书

2.2.1　设计任务及要求

1）设计题目：A 镇送水泵站初步设计

根据 A 镇的最大日供水量，确定泵站的设计水量为 Q（m³/d），给水泵站拟采用分级供水：22 点至次日 5 点，每小时供水量占全天供水量的 2.5%；5 点至 22 点，每小时供水量占全天供水量的 4.85%。输水管和管网中的水头损失为 5.86 m，自由水压为 28 m，用水最不利点的地面标高为 352.7 m，清水池最低水位为 340.1 m，清水池至吸水井间的水头损失为 0.1 m，吸水井到泵站距离为 10 m，水厂地面标高为 345 m，消防水量按 45L/s 计算，消防扬程 10 m，消防时输水管和管网中的水头损失为 7.50 m。

该地区年平均温度 13.6 ℃，极端最高温度 38.6 ℃，极端最低温度 –17 ℃；该地区土壤属黄土类，最大冻土深度为 68 cm；夏季平均气压为 93 200 Pa；全年日照百分率为 60%，冬季为 63%；夏季室外平均风速为 2.6 m/s，冬季室外平均风速为 1.7 m/s。

各组最大日供水量如下式：

$$Q（m³/d）=20000+5000 \times 组号 \qquad (2\text{-}2)$$

对该送水泵站进行初步设计。

2）设计任务

（1）城市送水泵站技术设计的工艺部分。

① 设计流量的确定和设计扬程估算。

② 初选水泵和电机。

③ 机组基础尺寸的确定。

④ 泵房形式的选择。

⑤吸水管路与压水管路直径：选用各种配件和阀件的型号、规格及安装尺寸。

⑥ 吸水井设计：尺寸和水位。

⑦ 机组与管道布置。

⑧ 泵房中各标高的确定：室内地面，基础顶面，水泵安装高度，泵房建筑高度。

⑨ 复核水泵及电机：计算吸水管及泵站内压水管水头损失、求出总扬程、校核所选水泵，如不合适，则重选水泵及电机。重新确定泵站的各级供水量。

⑩ 进行消防校核。

⑪ 辅助设备的选择。

⑫ 泵房平面尺寸的确定：泵房的长度和宽度；总平面布置，包括配电室、机器间、值班室、修理间等。

（2）图纸要求。根据设计计算选出的各种设备进行水泵泵房设备布置。应绘制：

① 送水泵站平面图（比例为 1∶200）（包括主要设备机组位置，吸、压水管路位置及其他附属设备机组的位置），列出主要设备表和材料表。

② 给水泵站剖面图（比例尺为 1∶100）（包括主要设备机组标高，吸、压水管路标高及其他附属设备机组的标高）。

平面图和剖面图上应注明水泵机组位置、管路系统、管件尺寸、各设备之间以及设备与建筑维护之间相对位置尺寸及标高。图纸尺寸、标题栏等均应按给水排水制图标准绘制。

2.2.2 设计时间进度安排

课程设计时间为 1 周。

（1）布置任务并进行任务讲解（0.5 天）。

（2）查资料，初步计算和方案选择（0.5 天）。

（3）设计计算（1 天）。

（4）机组布置和制图（1.5 天）。

（5）撰写计算说明书（1 天）。

（6）成果整理、准备答辩（0.5 天）。

2.3　水泵与水泵站课程设计指导书

2.3.1　设计的基本要求

1）完成要求

课程设计要求 4 人一组，一组一题，在教师指导下，集中时间、集中地点完成。

（1）培养学生严谨的科学态度、严肃认真的学习和工作作风，树立正确的设计思想，形成科学的研究方法。

（2）培养学生独立工作的能力，包括收集设计资料、综合分析问题、理论计算、数据处理、工程制图、文字表达等能力。

（3）使学生得到较为全面的工程设计的初步训练。

（4）使学生掌握给水泵站设计的一般程序，学会灵活地处理复杂的工程问题。

（5）使学生学会编写"计算说明书"，按规范和标准绘制有关图纸。

2）成果要求

（1）计算说明书一份，要求书面整洁、文理通顺、论证合理、层次分明、计算无误。

（2）设计图纸两张，要求布置合理、图面整洁、按绘图规定制泵站平面图和剖面图。

3）报告书内容要求

➢ 封面（指导教师姓名、所在专业和班级、姓名、日期）

➢ 目录

1　绪论

　　1.1　设计要求

　　　　1.1.1　设计题目

　　　　1.1.2　设计任务

　　　　1.1.3　图纸要求

　　1.2　设计资料

2　计算说明书

　　2.1　泵站设计参数的确定

　　　　2.1.1　设计流量的确定

2.3.2　设计要点的分析与解决方案

设计题目：A 镇送水泵站初步设计。

根据 A 镇的最大日供水量，确定泵站的设计水量为 Q（m³/d），给水泵站拟采用分级供水：22 点至次日 5 点，每小时供水量占全天供水量的 2.5%；5 点至 22 点，每小时供水量占全天供水量的 4.85%。输水管和管网中的水头损失为 5.86 m，自由水压为 28 m，用水最不利点的地面标高为 352.7 m，清水池最低水位为 340.1 m，清水池至吸水井间的水头损失为 0.1 m，吸水井到泵站距离为 10 m，水厂地面标高为 345 m，消防水量按 45L/s 计算，消防扬程 10 m，消防时输水管和管网中的水头损失为 7.50 m。

该地区年平均温度 13.6 ℃，极端最高温度 38.6 ℃，极端最低温度 –17 ℃；该地区土壤属黄土类，最大冻土深度为 68 cm；夏季平均气压为 93 200 Pa；全年日照百分率为 60%，冬季为 63%；夏季室外平均风速为 2.6 m/s，冬季室外平均风速为 1.7 m/s。

各组最大日供水量如下式：

$$Q（m³/d）=20\ 000+5\ 000 \times 组号 \tag{2-3}$$

二级泵站的特点如下。

二级泵站通常设在净水厂内，经水厂净化后的水进入清水池储存，清水池中的水经管道自流入吸水井，水泵从吸水井吸水，经加压后送入城市输配水管网。其工艺流程：清水池—吸水井—送水泵站—输配水管网—用户。

基本特点：泵站埋深较浅，通常建成地面式或半地面式，为了适应用户水量、水质的变化，需要设置多台水泵机组。因而，泵房面积较大，一般为矩形形状，砖混结构。

1）水泵设计参数的确定

（1）设计流量。送水泵站一般根据用水特点，分级供水。根据最大日供水量和分级情况，确定每一级的设计流量。

（2）设计扬程。

$$H=H_{ST}+\sum h= Z_C+H_0 +H_C+\sum h \tag{2-4}$$

式中：

H_{ST}——静扬程，由 Z_C，H_0，H_C 三部分构成；

Z_C——地形高差（m），吸水井最低水位和最不利点高程之间的高度差；

H_0——最不利点提供的自由水头；

H_C——安全水头，一般取 2 m；

$\sum h$——所有的水头损失，包括泵站内的水头损失（设计初期一般取 2 m）、输水管和管网的水头损失。

2）水泵机组和电机选择

根据确定的设计扬程，参考《给水排水设计手册（第11册）：常用设备》中的S型水泵（单级双吸式离心泵）进行泵型号的初选，考虑备用泵；根据设计流量，确定泵的台数；根据型号选择配套电机。

水泵工况点的确定：根据《给水排水设计手册（第11册）：常用设备》，利用Excel绘制单泵和并联水泵特性曲线和管路特性曲线，交点即为运行工况点。计算说明书中需要体现运行工况图（两级供水分别计算）。

其中管路特性曲线：

$$H=H_{ST}+SQ^2=H_{ST}+\sum h \qquad （2-5）$$

$$S=(H-H_{ST})/Q^2 \qquad （2-6）$$

3）机组基础确定：水泵机组的基础以混凝土块为基础

基础的作用是支撑并固定机组，使水泵电动机的相对位置保持不变，并承受机组重量和运行时的振动荷载。结合所选泵型和设计手册，查找水泵机组基础和尺寸。确定基础长度（L）、基础宽度（B）、基础高度（H），参见《给水排水设计手册（第11册）：常用设备》。

（1）对于带底座的小型水泵：

基础长度 $L=$ 底座长度 +（0.20 ~ 0.30）（m）

基础宽度 $B=$ 底座螺孔间距（在宽度方向上）+0.30（m）

基础高度 $H=$ 底座地脚螺钉的长度 +（0.10 ~ 0.15）（m）

（2）对于不带底座的大、中型水泵：

基础长度 $L=$ 水泵和电动机最外段螺孔间距（见《给水排水设计手册（第11册）：常见设备》图1-52中的 L_3+L_2+B）+（400 ~ 500）（mm）

基础宽度 $B=$ 水泵和电动机最外端螺孔间距（见《给水排水设计手册（第11册）：常见设备》图1-52中的 A）+（400 ~ 500）（mm）

基础高度 $H=$（2.5-4.0）×（$W_{电机}+W_{水泵}$）/（$L \times B \times \rho$）　　　（2-7）

式中：

$W_{电机}$——电机的质量，kg；

$W_{水泵}$——水泵的质量，kg；

ρ——基础密度，混凝土密度为 2 400 kg/m³。

4）吸水管路和压水管路设计

（1）管路布置要求。

（2）吸水管设计流速一般为 DN < 250 mm 时，v=1.0 ~ 1.2 m/s；DN=250 ~ 1000 mm 时，v=1.2 ~ 1.6 m/s；DN > 1000 mm 时，v=1.5 ~ 2.0 m/s。采用钢管，根据《给水排水设计手册（第

11册）：常用设备》查表获得 DN，1000i 和 v。

（3）压水管设计流速：DN < 250 mm 时，v=1.5 ～ 2.0 m/s；DN ≥ 250 mm 时，v=2.0 ～ 2.5 m/s。采用钢管，根据《给水排水设计手册（第11册）：常用设备》查表获得 DN，1000i 和 v。

（4）吸水井设计：确定吸水管喇叭口直径、喇叭口长度、喇叭口与井壁间净距（T）、喇叭口间距、喇叭口距吸水井井底距离（P）、喇叭口淹没深度、吸水井长度、吸水井宽度、吸水井底标高、吸水井高度（超高取 0.3 m），参考《给水排水设计手册（第3册）：城镇给水》。

喇叭口大头直径 D（mm）=（1.3 ～ 1.5）d，d 为吸水管直径。

喇叭口长度 L（mm）=（3.0 ～ 7.0）（$D-d$），D 为喇叭口大头直径。

喇叭口边缘距井壁间净距 T（mm）≥ (0.75 ～ 1.0)D。

喇叭口边缘之间的距离（mm）≥ (1.5 ～ 2.0)D。

喇叭口至吸水井底部距离 P（mm）=（0.6 ～ 0.8）D，不小于 0.5 m。

喇叭口淹没深度（m）=0.5 ～ 1.0。

吸水井长度需要考虑喇叭口间距、喇叭口边缘距井壁净距、喇叭口直径、墙厚度（取 37 mm），要参考水泵机组之间距离，调整确定。

吸水井宽度 = 喇叭口直径 + 喇叭口边缘距井壁间净距 ×2+ 墙厚度（取 370 mm）×2。

吸水井底标高 = 吸水井最低水位 – 喇叭口淹没深度 – 喇叭口距井底距离。

吸水井高度 = 地面标高 – 吸水井底标高 + 超高。

（5）管路附件选配：确定吸水管的管路附件（一般包括喇叭口、滤网、弯头、阀门——检修阀门，直径大于 400 mm 选用电动闸阀、偏心异径管——减少吸水管路产生过多空气），压水管的管路附件（止回阀——防止水倒流、闸阀——止回阀后方检修、同心异径管等）。

5）机组布置

根据水泵的台数设计机组的布置形式。根据《给水排水设计手册（第3册）：城镇给水》中泵站的设计要求，将直线单行布置如下，其他形式参见设计手册。

单机双吸式水泵一般采用一行式布置形式，其各部分尺寸应符合下列要求：

（1）泵凸出部分到墙壁的净距 A_1 等于最大设备的宽度加 1 m，但不得小于 2 m。

（2）出水侧泵基础与墙壁的净距 B_1 应按水管配件安装的需要确定。一般 B_1=基础宽度 +0.5，且 B_1 > 1.5 m，但是考虑到泵出水侧是管理操作的主要通道，故 B_1 ≥ 3 m。

（3）进水侧泵基础与墙壁的净距 D_1 也应根据管道配件的安装要求决定，但不小于 1 m。取 D_1=2 m。

（4）电机凸出部分与配电设备的净距 C_1 应保证电机转子在检修时能拆卸，并保持一定的安全距离，要求 C_1= 电动机轴长 +0.3 m。但是，低压配电设备 $C_1 \geqslant 1.5$ m；高压配电设备 $C_1 \geqslant 2.0$ m。

（5）泵基础之间的净距 E_1 与 C_1 要求相同，即 E_1=C_1。

（6）控制室和配电室长度分别取 3m。

6）泵房内各标高的设计

送水泵站吸水井水位比较稳定，常采用地面式或半地下室泵房。地面式常采用分基型泵房，半地下式常采用干室型泵房。

（1）水泵最大安装高度：

$$H_{SS} = H_S - \frac{v_1^2}{2g} - \sum h_S \qquad （2-8）$$

其中，$\sum h_s$ 为吸水管的水头损失，包括沿程水头损失（沿程水头损失 =i × 吸水管长度）和局部水头损失，局部水头损失的计算需要查出吸水管路各附件的局部阻力系数。为安全起见以及考虑到长期运行后水泵性能下降和管路阻力增加等，所取数字应大一些。

吸水管长度 = 吸水井至泵房的距离 + 吸水管从墙壁到水泵的距离 + 吸水管深入吸水井内的长度。

（2）泵轴标高 = 吸水井最低水位 +H_{SS}。

（3）基础顶面标高 = 泵轴标高 – 泵轴至泵底座下平面的距离。

（4）室内地坪标高 = 基础顶面标高 – 基础高出地面高度（一般取 0.1 ～ 0.3 m）。根据室内地坪标高和室外地面标高，确定泵房的类型。

7）机组复核

（1）扬程复核。根据已经确定的机组布置和管路情况重新计算泵房内的管路水头损失，复核所需扬程。

泵房内管路水头损失 = 吸水管水头损失 + 压水管水头损失

压水管长度取 2m，真实所需扬程应约等于前面计算扬程即适合。

（2）消防复核。消防供水量 = 二级供水量 + 消防水量。

$$消防扬程 = Z_C + H_{0消防} + H_C + \sum h_{消防} \qquad （2-9）$$

式中：

$H_{0消防}$——消防自由水头；

$\sum h_{消防}$——消防水头损失，包括输水管和管网的水头损失，也包含泵站内水头损失（即吸水管的损失和压水管的水头损失）。

根据所选水泵并联的性能曲线，看消防供水量时提供的扬程是否大于消防扬程，如果大于说明符合要求。若不能满足消防扬程，将备用泵一同并联，获得新的性能曲线，再看提供的扬程是否大于消防扬程，若大于即可，若仍不能提供消防扬程，所选泵不合适。

8）辅助设备的选择

（1）充水设备：采用真空泵充水，所需抽吸气量 Q 按下式计算

$$Q = K \times V_G \times H_A / [T \times (H_A - H_{ss})] \tag{2-10}$$

式中：

K——安全系数，考虑缝隙及填料函的漏气，取 $1.05 \sim 1.10$；

H_{ss}——安装高度；

H_a——当地大气压，一般取 $10 \, m \, H_2O$；

T——抽气充水需要的时间，一般控制在 $5 \, min$ 以内，这里取 $4 \, min$；

V_g——出水闸阀以前管路及泵壳内的空气总体积，取 $0.775 \, m^3$。

（2）计量设备：选取超声波流量计。

（3）起吊设备：结合所选水泵和电机的重量选取，选用 LX 型单梁悬挂式起重机。参考《给水排水设计手册（第 11 册）：常用设备》。

（4）排水设备：排除运行废水，取排水量为 $20 \sim 40 \, m^3/h$，排水泵的总扬程在 $15 \, m$ 左右；选择合适的离心泵。

9）泵房尺寸

（1）平面尺寸。

泵房长度：需要考虑机组中心距、检修间尺寸以及配电间尺寸、通道宽度。

泵房宽度：根据机组外形尺寸、吸水管和压水管路的布置及其阀件的长度等确定。

（2）泵房高度参见《给水排水设计手册（第 3 册）：城镇给水》。

泵房检修地面以上高度：

$$H_1 = a + c + d + e + h + n \tag{2-11}$$

式中：

a——行车梁高度，mm；

c——行车梁底至起重钩中心的距离，mm；

d——起重钩的垂直长度；

e——最大一台机组的高度；

h——起吊物底部与泵房进口处平台的距离，取 $2\,000 \, mm$；

n——一般不小于 100 mm，取 200 mm。

泵房检修地面以下高度：

$$H_2 = 室外地面标高 - 泵房室内地坪标高 \qquad (2-12)$$

$$泵房高度 = H_1 + H_2 \qquad (2-13)$$

10）其他问题

（1）设计数据要充分考虑工程施工的实际情况，泵房、吸水井的长度和宽度都需要保留到整百毫米，如 21 500 mm。

（2）图纸表达必须符合给水排水制图标准 GB/T 50106—2010。

（3）比例尺规定：平面图、剖面图取 1∶100。

（3）尺寸标注的原则：方便非主导专业人员和施工人员的读图和数据查找（不同图要重复标注），符合国家制图标准。平面尺寸标注以毫米为单位，剖面图上一般不标注详细尺寸，仅标注详细标高，标高以米为单位。

本章主要参考文献：

[1]　颜锦文 . 水泵与水泵站 [M]. 北京：机械工业出版社 , 2008.

[2]　中华人民共和国水利部 . 泵站设计规范：GB 50265—2010[S]. 北京：中国计划出版社 , 2010.

[3]　中国市政工程西南设计院 . 给水排水设计手册（第 1 册）[M]. 北京：中国建筑工业出版社 , 2000.

[4]　上海市政工程设计研究院 . 给水排水设计手册（第 3 册）[M]. 第 2 版 . 北京：中国建筑工业出版社 , 2004.

[5]　中国市政工程西北设计研究院 . 给水排水设计手册（第 11 册）[M]. 第 3 版 . 北京：中国建筑工业出版社 , 2014.

[6]　中国市政工程华北设计研究总院 . 给水排水设计手册（第 12 册） [M]. 北京：中国建筑工业出版社 , 2012.

[7]　上海市建设和交通委员会 . 室外给水设计规范：GB 50013—2006 [S]. 北京：中国计划出版社 , 2006.

[8]　中国建筑标准设计研究所 . 给水排水制图标准：GB/T 50106—2001 [S]. 北京：中国计划出版社 , 2001.

第 3 章　工程水文学课程设计

3.1　工程水文学课程设计教学大纲

学分/学时：1学分/1周
课程类型：独立设置实践环节
考核方式：考查
开课学期：秋季学期（大三第一学期）
先修课程：工程水文学、水力学
后续课程：城市水利工程、城市防洪与排涝等

3.1.1　课程性质与教学目标

1）课程性质

"工程水文学课程设计"是"工程水文学"课程教学计划中的一个有机组成部分，是课堂教学环节的继续、深入和发展，是培养学生综合应用"工程水文学"课程所学的专业理论知识分析解决工程实际问题的重要实践性环节，在水务工程专业培养计划中独立设置。

2）教学目标

让学生通过课程设计，将"工程水文学"课程所学的一些理论知识要点，包括水文资料采集整理、频率计算、流域产汇流计算、设计洪水推求，乃至前期课程"水力学"所学的明渠流速、水深计算等知识要点串联起来，以解决水利、水务工程设计中常遇见的设计洪水推求问题，从而使学生系统化、整体化地学习"工程水文学"专业理论知识，并具备系统运用所学的专业知识解决水利、水务工程中有关水文计算的实际问题。此外，该课程设计可以培养学生具备今后从事工

程规划设计的一些基本技能，包括设计报告书的撰写、分析计算、图纸点绘等技能，以及沟通交流能力、团队协作能力、项目汇报陈述能力等，从而全面提升学生今后的实际动手能力与就业能力。

3.1.2　选题的原则

课程设计的选题应与生产实际紧密联系，并具有代表性，能充分反映"工程水文学"课程的主要内容，且设计分量适当，能使绝大部分学生在一周内完成。在难度与深度上应与大三学生水平相匹配，广度上能较多地反映"工程水文学"课程的主要教学内容，包括水文资料采集整理、频率计算、流域产汇流计算、设计洪水推求等，使学生受到本课程知识范围内较全面的技能训练。

3.1.3　课程设计内容

1）设计内容

以设计洪水推求和流域产汇流计算为主线，主要设计内容包括：干流设计洪水推求，支流小流域产汇流计算，干支流汇流处的桥址设计、洪水推求及设计流速与设计水深推求。

2）设计组织方法

该课程设计要求在教师指导下，集中一周时间完成。时间上要求安排在"工程水文学"全部理论课程讲授完毕后集中进行。课程设计组织方式采用分组与个人相结合的方式，即设计任务分组布置，每组成员若干名，一组一种设计条件。本组成员可互相讨论问题与解决方案，以及相互对比设计成果，发现错误及时修正。但每个成员需独立计算，独立绘制图表，独立撰写课程设计报告和独立进行答辩。

3.1.4　课程设计时间进程

设计时间为1周。

（1）明确工程概况与设计任务（0.5天）。

（2）干流设计洪水推求（1.5天）。

①洪水经验频率计算（0.5天）。

②洪水频率曲线统计参数初估和确定（1天）。

（3）支流小流域设计洪水计算（1.5天）。

①最大24h设计暴雨过程线推求（0.5天）。

②产流计算（0.5天）。

③ 汇流计算（0.5 天）。

（4）桥址断面设计流量，平均流速及水深的确定（0.5 天）。

（5）整理课程设计报告书和准备答辩（0.5 天）。

（6）答辩（0.5 天）。

3.1.5　课程设计的教学方法

"工程水文学课程设计"是工程水文学课程的重要实践性环节。课程设计开始时提供给学生课程设计任务书和课程设计指导书，并通过课堂教学对任务书与指导书进行讲解说明。课程设计过程中，以学生主动提出问题为主，同时以现场指导、网络在线答疑等方式共同实施课程设计的教学。

3.1.6　课程设计成绩的评定方法及评分标准

评定方法：学生的成绩由三部分组成，即考勤等平时表现成绩（占总评成绩的 10%）+ 答辩成绩（占总评成绩的 20%）+ 课程设计报告书成绩（占总评成绩的70%）。

评分标准如下。

（1）平时考勤成绩：根据最初下达的任务，中间抽查及最终答辩时的出席情况进行评分。

（2）答辩成绩：根据答辩时能否正确阐述设计技术路线，重要计算公式能否写出，问题回答是否准确三方面进行评分。

（3）设计报告书成绩：根据设计报告书的内容完整性、文理通顺与叙述简洁性、计算与图表正确性、排版整洁美观性四方面进行评分。

（4）最后的成绩评定分优秀、良好、中等、及格和不及格五个标准。

3.2　工程水文学课程设计任务书

3.2.1　设计任务及要求

1）工程概况与基本资料

某高速公路大桥跨越的河流断面来水由干流和支流洪水组成，干流水文站位于桥址上游 1 km 处，资料可用来推求坝址处洪水；支流洪水由地区降雨资料推求。干支流与桥址位置示意图如图 3–1 所示。

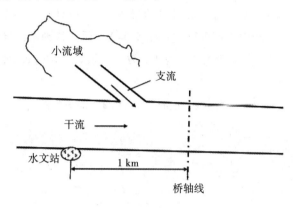

图 3–1　干支流与桥址位置示意图

干流洪水资料有年洪峰最大流量，包括调查和实测资料，如表 3–1 所示。另外，还调查到桥址附近干流 1940 年岸坡上有洪痕点 2 个，分别位于水文站和桥轴线上。洪痕点高程分别为 131.8 m 和 131.3 m，桥址断面河床高程为 125.53 m，河床比降为 0.5‰，床面与边坡糙率系数 $n = 0.024$，河宽为 330 m，据此可得该年洪峰流量，作为一个洪水统计样本点。

表3–1　桥址河段年最大洪峰流量

	年　份	2000	2001	2002	2003	2004	2005	2006	2007	2008	2009
水文站实测	流量 (m³/s)	2 040	1 870	1 300	1 767	2 890	1 943	1 230	1 463	1 410	1 310
	年　份	2010	2011	2012	2013	2014	2015	2016			
	流量 (m³/s)	1 180	2 447	1 477	1 973	1 700	907	1 190			
调查洪水	年　份	1958					1998				
	流量 (m³/s)	5 033					6 867				

支流洪水为一小流域（流域面积为 F）汇流而成。

（1）该支流流域无实测洪水流量资料，但流域中心附近有一个雨量站资料，经频率计算获得 $P=2\%$ 与 1% 所对应的最大 1d 的设计点雨量分别为 202.4 mm 与 323.8 mm。该地区暴雨点面折算关系如表 3-2 所示。该地区的最大 24h 降雨量与最大日降雨量根据经验其关系为 $H_{24,P}=1.14H_{日,P}$，设计暴雨时程分配如表 3-3 所示。

表3-2 该地区暴雨点面折算关系表

t（h）	F（km²）									
	0	20	40	60	80	100	120	140	160	180
1	1.000	0.945	0.911	0.884	0.864	0.847	0.834	0.823	0.815	0.807
3	1.000	0.960	0.931	0.910	0.893	0.879	0.867	0.858	0.851	0.845
6	1.000	0.977	0.957	0.942	0.928	0.917	0.907	0.899	0.892	0.886
12	1.000	0.986	0.972	0.961	0.951	0.943	0.935	0.928	0.921	0.915
24	1.000	0.991	0.983	0.975	0.969	0.964	0.959	0.953	0.949	0.944

表3-3 该地区最大24h设计暴雨的时程分配表

日　程	设计暴雨的时段（3h）雨量过程							
时段序号（3h）	1	2	3	4	5	6	7	8
典型分配（%）	4.1	8.3	13.8	34.2	20.4	11.5	4.2	3.5

（2）该流域位于湿润地区，通过分析率定得出其蓄满产流模型中的参数 $B=0.2$，流域蓄水容量为 W_m。用同频率法求得设计前期影响雨量，即设计 $P_a=90$ mm（$P=2\%$），$P_a=86$ mm（$P=1\%$），该流域的稳定下渗率为 f_c（mm/h）。

（3）流域所在地区的地区综合瞬时单位线参数 $n=n_0$，$K=k_0$。

2）设计任务

（1）推求桥址设计洪水流量。

（2）按均匀流假设，推求坝址断面设计流量的平均流速和水深。具体设计条件如表 3-4 所示。

表3-4 设计条件

方案	设计条件
1	（1）大桥工程设计洪水标准为 2% （2）$W_m = 115\ \text{mm}$，$f_c = 4.5\ \text{mm/h}$ （3）瞬时单位线参数 $n_0 = 1.5$，$k_0 = 5.68$，支流小流域面积 $F = 50\ \text{km}^2$
2	（1）大桥工程设计洪水标准为 2% （2）$W_m = 110\ \text{mm}$，$f_c = 3.0\ \text{mm/h}$ （3）瞬时单位线参数 $n_0 = 1.5$，$k_0 = 5.68$，支流小流域面积 $F = 45\ \text{km}^2$
3	（1）大桥工程设计洪水标准为 2% （2）$W_m = 105\ \text{mm}$，$f_c = 2.0\ \text{mm/h}$ （3）瞬时单位线参数 $n_0 = 1.5$，$k_0 = 5.68$，支流小流域面积 $F = 40\ \text{km}^2$
4	（1）大桥工程设计洪水标准为 2% （2）$W_m = 100\ \text{mm}$，$f_c = 1.5\ \text{mm/h}$ （3）瞬时单位线参数 $n_0 = 1.5$，$k_0 = 5.68$，支流小流域面积 $F = 35\ \text{km}^2$
5	（1）大桥工程设计洪水标准为 1% （2）$W_m = 115\ \text{mm}$，$f_c = 4.5\ \text{mm/h}$ （3）瞬时单位线参数 $n_0 = 1.5$，$k_0 = 5.68$，支流小流域面积 $F = 50\ \text{km}^2$
6	（1）大桥工程设计洪水标准为 1% （2）$W_m = 110\ \text{mm}$，$f_c = 3.0\ \text{mm/h}$ （3）瞬时单位线参数 $n_0 = 1.5$，$k_0 = 5.68$，支流小流域面积 $F = 45\ \text{km}^2$
7	（1）大桥工程设计洪水标准为 1% （2）$W_m = 105\ \text{mm}$，$f_c = 2.0\ \text{mm/h}$ （3）瞬时单位线参数 $n_0 = 1.5$，$k_0 = 5.68$，支流小流域面积 $F = 45\ \text{km}^2$
8	（1）大桥工程设计洪水标准为 1% （2）$W_m = 100\ \text{mm}$，$f_c = 1.5\ \text{mm/h}$ （3）瞬时单位线参数 $n_0 = 1.5$，$k_0 = 5.68$，支流小流域面积 $F = 35\ \text{km}^2$

3）设计要求

课程设计要求 6 人一组，共分为 8 组（按学号顺序进行分组），一组一题，在教师指导下，集中时间、集中地点完成。

（1）设计前熟悉原始资料及总体设计技术路线。

（2）设计过程中，要求学生认真复习相关的基本概念和知识。

（3）课程设计说明书内容完整，计算准确，论述清晰，装订整齐。

（4）课程设计表格与图纸布局合理，正确清晰。

（5）在设计过程中应独立思考，在指导教师帮助下完成工作，严禁抄袭。

（6）设计报告书中必须明确包含以下几个关键得分点：

① 调查 1940 年的洪水流量推求。

② 干流设计洪水推求。（要求采用统一样本法与目估适线法，且至少配线 2 次）

③ 支流小流域设计洪水计算。（要明确写出计算步骤与计算过程）

④ 桥址断面设计洪水洪峰流量推算。

⑤ 按均匀流假设，推求桥址断面设计流量的平均流速和水深。

⑥ 写出完整、明确的设计报告书。（含计算原理、计算过程、必要的图与表）

3.2.2　设计时间进度安排

设计时间为 1 周。

（1）明确工程概况与设计任务（0.5 天）。

（2）干流设计洪水推求（1.5 天）。

① 洪水经验频率计算（0.5 天）。

② 洪水频率曲线统计参数初估和确定（1 天）。

（3）支流小流域设计洪水计算（1.5 天）。

① 最大 24 h 设计暴雨过程线推求（0.5 天）。

② 产流计算（0.5 天）。

③ 汇流计算（0.5 天）。

（4）桥址断面设计流量，平均流速及水深的确定（0.5 天）。

（5）整理课程设计报告书和准备答辩（0.5 天）。

（6）答辩（0.5 天）。

3.3　工程水文学课程设计指导书

3.3.1　设计成果要求

每人提交课程设计报告书一份，要求书面与图表整洁美观、文理通顺、层次分明、计算无误，并按照指定时间与地点参加课程设计的个人答辩。

1）报告内容要求

题目：某桥址设计洪水推求

➢ 封面（指导老师姓名、所在专业班级、第几设计组、姓名、日期、设计者）

➢ 目录

1 工程概况与设计任务：

1.1 工程概况及原始资料；

1.2 设计任务。

2 干流设计洪水推求：

2.1 特大洪水重现期 N 与实测系列长度 n 的确定；

2.2 洪水经验频率的计算；

2.3 洪水频率曲线统计参数估计和确定。

2.3.1 统计参数初估；

2.3.2 目估适线法确定统计参数。

2.4 干流设计洪峰流量推求。

3 支流小流域设计洪水计算：

3.1 最大 24 h 设计暴雨过程推求；

3.1.1 最大 1 日面设计暴雨量；

3.1.2 最大 24 h 面设计暴雨量；

3.1.3 最大 24 h 面设计暴雨量的时程分配。

3.2 产流计算：

3.2.1 设计净雨的推求；

3.2.2 地面净雨与地下净雨的推求；

3.3 汇流计算：

3.3.1 无因次单位线 $\mu(\Delta t, t)$ 与 10 mm 单位线 $\mu(\Delta t, t)$ 的推求；

3.3.2 设计地面径流过程推求；

3.3.3 设计地下径流过程推求；

3.3.4 设计洪水过程推求。

3.4 支流设计洪峰流量的确定。

4 桥址设计洪水流量。

5 桥址设计断面平均流速和设计水深。

6 设计感悟（包括本次课程设计的内容、难易程度及时间安排的意见与建议）。

2）格式要求

参见本书最后的附录 1 中的报告书书写格式。

3.3.2　设计要点的分析与解决方案

1）干流设计洪水推求

（1）洪水资料的总长度 N：洪水资料的总长度为实测资料期（n 年）、调查期（n_1 年）、考证期（n_2 年）的总和，即 $N=n+n_1+n_2$。

（2）特大洪水流量判定：$Q_{EM}/\bar{Q}>3$，若 $Q_i>Q_{EM}$，可判定为特大洪水。其中，Q_{EM} 为特大洪水的判定标准值；$\bar{Q}$ 为实测最大洪峰平均值；Q_i 为实测各年最大洪峰流量。

（3）由调查资料推求水文站 1940 年洪峰流量。

计算步骤：推求水文站处河床高程→推求水文站水深→推求水文站处水流断面面积→根据式（3-1）所示的曼宁公式计算水文站处断面平均流速→根据式（3-2）推求水文站处洪峰流量。

$$v=\frac{1}{n}R^{2/3}i^{1/2} \tag{3-1}$$

$$Q=Av \tag{3-2}$$

式中：

　　v——断面平均流速；

　　n——糙率；

　　R——水力半径；

　　i——河床坡降；

　　Q——流量；

　　A——过水断面面积。

（4）洪水经验频率的计算。

采用统一处理法，参见教材 202 页（这里的教材指本章参考文献 [1]，下同）。

设特大值的重现期为 N，实测系列年数为 n，在 N 年内共有 a 个特大值，其中 l 个来自实测系列，则特大洪水系列的经验频率 P_M 以及实测洪水系列的经验频率 P_m 的计算如式（3-3）与式（3-4）所示。

特大洪水系列：

$$P_M=\frac{M}{N+1}\quad(M=1,2,\cdots,a) \tag{3-3}$$

实测洪水系列：

$$P_m = P_a + (1-P_a)\frac{m-l}{n-l+1} \quad (m = l+1, l+2, \cdots, l+n) \tag{3-4}$$

采用表 3-5 进行经验频率计算。

表3-5　水文站处洪峰流量经验频率计算

洪峰流量		经验频率计算			
按时间次序排列	流量由大到小排列	M	P_M	m	P_m

（5）统计参数初估（采用矩法，参见教材 205 页）。

设特大值的重现期为 N，实测系列年数为 n，在 N 年内共有 a 个特大值，其中有 l 个来自实测系列，其他来自调查考证。用矩法初估均值 $\bar{x}$，变差系数 C_v 两参数的计算公式如式（3-5）、式（3-6）所示。

$$\bar{x} = \frac{1}{N}\left[\sum_{j=1}^{a} x_j + \frac{N-a}{n-l}\sum_{i=l+1}^{n} x_i\right] \tag{3-5}$$

$$C_v = \frac{1}{\bar{x}}\sqrt{\frac{1}{N-1}\left[\sum_{j=1}^{a}(x_j-\bar{x})^2 + \frac{N-a}{n-l}\sum_{i=l+1}^{n}(x_i-\bar{x})^2\right]}$$
$$= \sqrt{\frac{1}{N-1}\left[\sum_{j=1}^{a}(K_j-1)^2 + \frac{N-a}{n-l}\sum_{i=l+1}^{n}(K_i-1)^2\right]} \tag{3-6}$$

式中：

x_j——特大洪水，$j = 1, 2, \cdots, a$；

x_i——一般洪水，$i = l+1, l+2, \cdots, n$；

$K_j = \dfrac{x_j}{\bar{x}}$，$K_i = \dfrac{x_i}{\bar{x}}$。

另外，偏态系数 C_s 则可参考如下地区规律选定一个 C_s/C_v 值进行初估（参见教材 205 页）：

对于 $C_v \leqslant 0.5$ 的地区，可以试用 $C_s/C_v = 3 \sim 4$。

对于 $0.5 < C_v \leqslant 1.0$ 的地区，可以试用 $C_s/C_v = 2.5 \sim 3.5$。

对于 $C_v > 1.0$ 的地区，可以试用 $C_s/C_v = 2 \sim 3$。

（6）目估适线法（参见教材 148 页）。

采用 Excel 进行概率格纸的制作（制作方法参见本章参考文献 [2]）和进行理

论频率曲线的适线。

要求：虽然网上可以下载免费的 P-Ⅲ 曲线适线软件，但本次课程设计为了让大家掌握适线的整个过程，不建议使用这些软件。另外，要求至少配线 2 次以上，配线过程需列出"频率曲线选配计算表"，具体格式参见教材 152 页的表 6-4。

（7）干流设计洪峰流量推求：

$$x_P = \bar{x}\left(1 + C_v\phi\right) \tag{3-7}$$

式中：

x_P——频率为 P 的设计值；

$\bar{x}$——均值；

C_v——变差系数；

ϕ——离均系数。

2）支流小流域设计洪水推求

在我国一般小流域是指面积为 3 ~ 50 km² 的流域。

（1）由最大 1 d 点设计暴雨量推求最大 24 h 点设计暴雨量。

利用设计资料中所提供的关系式：$H_{24,P} = 1.14 H_{日,P}$。

（2）流域面平均设计雨量及时程分配。

根据设计资料所提供的点面折算系数进行流域面平均设计雨量的计算，根据设计资料所提供的设计暴雨时程分配表（表 3-3）进行设计暴雨的时程分配。

（3）产流计算。

按照蓄满产流模式（参见教材 80 页）进行设计净雨计算。根据稳定下渗率进行地面净雨与地下净雨的划分，可参见教材 244 页的例 9-3。

（4）汇流计算。

①地表净雨的汇流计算。

首先，根据式（3-8）推求瞬时单位线 $u(\Delta t, t_k)$（参见教材 94 页）：

$$u\left(\Delta t, t_k\right) = S\left(t_k\right) - S\left(t_k - \Delta t\right) \tag{3-8}$$

式中：

$S(t_k)$——第 k 个时段末 S 曲线的纵坐标，其值可在教材的附录 2 中查得。

其次，根据式（3-9）推求 10 mm 单位线 $q(\Delta t, t_i)$：

$$q\left(\Delta t, t_i\right) = \frac{10F}{3.6\Delta t} u\left(\Delta t, t_i\right) \tag{3-9}$$

式中：

F——流域面积；

Δt——单位线时段长。

具体推求过程可参见教材 95 页的表 4-8。

②地下净雨的汇流计算。

地下径流过程概化成等腰三角形出流，其峰值出现在设计地面径流停止时刻，地下径流过程的底长为地面径流底长的 2 倍，具体计算可参见教材 P244 的例 9-3。

3）桥址断面设计流量，平均流速及水深的确定

桥址断面设计洪峰流量 $Q_{总}$ 的计算如下：

$$Q_{总} = Q_{干} + Q_{支}\qquad(3-10)$$

式中：

$Q_{干}$——干流的设计洪峰流量；

$Q_{支}$——支流的设计洪峰流量。

桥址断面平均流速 v 和水深 h 可根据式（3-1）所示的曼宁公式和式（3-2）进行联立求解。

此外，对于宽浅河流，水力半径 R 可近似用水深 h 替代。过水断面面积 A 可近似等于河宽乘以水深 h。

本章主要参考文献：

[1] 詹道江, 徐向阳, 陈元芳. 工程水文学 [M]. 北京：中国水利水电出版社, 2014.

[2] 黄泽钧. Excel 绘制水文计算海森机率格纸的方法 [J]. 科技信息：学术版，2006(7):337+339.

[3] 周倬. 桥址设计洪水推求 [EB/OL].（2012-11-13)wenku.baidu.com/view/bd7df1d576a20029bc642d01.html

[4] 周倬. 陂下水库设计洪水 [EB/OL].（2016-6-21)wenku.baidu.com/view/2d521384be23482fb5da4c6c.html?from=search

第4章 水资源利用与管理课程设计

4.1 水资源利用与管理课程设计教学大纲

学分／学时：1学分／1周
课程类型：独立设置实践环节
考核方式：考查
开课学期：春季学期（大三第二学期）
先修课程：工程水文学、水力学、水资源利用与管理
后续课程：毕业实习等

4.1.1 课程性质与教学目标

1）课程性质

"水资源利用与管理课程设计"是"水资源利用与管理"课程教学计划中的有机组成部分，是课堂教学环节的继续、深入和发展，是培养学生的知识运用能力与实际动手能力，为今后从事与水务工程有关的规划设计等相关工作打下坚实基础的重要实践性环节，在水务工程专业培养计划中独立设置。

2）教学目标

通过该课程设计，学生能够将"水资源利用保护与管理"课程所学的一些理论知识要点，包括水资源总量评价、区域需水量计算、区域可供水量计算、区域水资源供需平衡分析计算，以及前期课程"工程水文学"所学的设计暴雨推求等知识要点串联起来，能够综合运用这些专业知识解决城市水资源供需平衡分析计算的实际问题，为学生毕业后从事与水务工程有关的水资源评价、水资源规划利用、城市供水规划制定等实际工作打下良好的基础。此外，通过该课程设计，学

生具备今后从事实际的工程规划设计的一些基本技能，包括设计报告书的撰写、分析计算、图纸点绘等技能，以及沟通交流能力、团队协作能力、项目汇报陈述能力等，从而全面提升学生今后的实际动手能力与就业能力。

4.1.2 选题的原则

课程设计的选题应与生产实际紧密联系，并具有代表性，能充分反映"水资源利用与管理"课程的主要内容，且设计分量适当，能使绝大部分学生在1周内完成。难度与深度为与大三学生水平相匹配的中等水平，广度上能较多地反映本课程的主要教学内容，包括水资源总量评价、区域需水量计算、区域可供水量计算、供需平衡分析计算，使学生受到本课程知识范围内较全面的技能训练。

4.1.3 课程设计内容

1）设计内容

以某区域的水资源供需平衡分析计算为主线，主要设计内容包括：

（1）水资源总量评价。

（2）现状供水工程调查分析。

（3）现状需水调查分析。

（4）现状水资源供需平衡分析。

（5）规划水平年水资源供需平衡预测。（可选项）

2）设计组织方法

该课程设计要求在教师指导下，集中1周时间完成。时间要求安排在"水资源利用与管理"全部理论课程讲授完毕后集中进行。课程设计组织方式采用分组与个人相结合的方式，即设计任务分组布置，每组成员若干名，一组一种设计条件。本组成员可互相讨论问题与解决方案，相互对比设计成果，发现错误及时修正。但每个成员须独立计算，独立绘制图表，独立撰写课程设计报告，独立进行答辩。

4.1.4 课程设计时间进程

设计时间为1周。

（1）明确评价地区资料概况与设计任务（0.5天）。

（2）水资源总量评价（1.0天）。

（3）现状供水工程调查分析（0.5天）。

（4）现状需水调查分析（1.0天）。

（5）现状水资源供需平衡分析（1.0天）。

（6）规划水平年水资源供需平衡预测（可选项）。

（7）整理课程设计报告书和准备答辩（0.5天）。

（8）答辩（0.5天）。

其中，规划水平年水资源供需平衡预测这部分内容为选做项，不安排具体课程设计时间，课程设计能超计划完成的学生可自行安排时间完成。

4.1.5　课程设计的教学方法

"水资源利用与管理课程设计"是水资源利用与管理课程的重要实践性环节。课程设计开始时提供给学生课程设计任务书和课程设计指导书，并通过课堂教学对任务书与指导书进行讲解说明。课程设计过程中，以学生主动提出问题为主，同时以现场指导、网络在线答疑等方式共同实施课程设计的教学。

4.1.6　课程设计成绩的评定方法及评分标准

评定方法：学生的成绩由三部分组成，即考勤等平时表现成绩（占总评成绩的10%）+答辩成绩（占总评成绩的20%）+课程设计报告书成绩（占总评成绩的70%）。

评分标准如下。

（1）平时考勤成绩：根据最初下达任务、中间抽查及最终答辩时的出席情况进行评定。

（2）答辩成绩：根据答辩时能否正确阐述设计技术路线、重要计算公式能否写出、问题回答是否准确三方面进行评分。

（3）设计报告书成绩：根据设计报告书的内容完整性、文理通顺与叙述简洁性、计算与图表正确性、排版整洁美观性四方面进行评分。

（4）最后的成绩评定分优秀、良好、中等、及格和不及格五个标准。

4.2　水资源利用与管理课程设计任务书

4.2.1　设计任务、设计资料及设计要求

1）设计任务

水资源是基础性自然资源，是生态环境的重要组成部分和控制性因素之一，

又是战略性经济资源，是一个国家或地区生活、生产活动中不可或缺的一种资源。

本课程设计以福建省某县水资源和社会经济需水情况为背景（数据已做修改，以便学生做课程设计），要求学生对该地区水资源开发利用情况做出评价，并进行水资源供需平衡分析。设计内容包括水资源总量评价，供水工程调查，需水量计算，可供水量分析，现状水资源供需平衡分析，规划水平年的水资源供需平衡分析（可选项）以及对策与建议等。本次设计，现状水平年为 2017 年，规划水平年为近期 2025 年。具体设计任务如下：

（1）分析计算评价片区在现状年，保证率 P=50%（平水年）、P=75%（枯水年）、P=95%（特枯水年）条件下的水资源总量。

（2）计算现状水平年评价片区的供水能力。

（3）分析现状水平年评价片区在 P=50%，P=75%，P=95% 条件下的需水量、可供水量以及水资源供需平衡情况。

（4）预测规划水平年评价片区在 P=50%，P=75%，P=95% 条件下的需水量、可供水量以及水资源供需平衡情况。（可选项）

2）设计资料

（1）评价地区自然地理与经济发展概况。

① 自然概况。评价地区（福建省九龙江流域某县）总面积 1 823.0 km²，耕地面积 172.11 万亩（1 147.4 km²），其中水田面积 79.89 万亩（532.6 km²），旱地面积 92.22 万亩（614.8 km²）。全县水面积 135.3 km²。该县属亚热带海洋性湿润季风气候，全年气候温和，冬无严寒，夏无酷暑，无霜期长，雨量充沛。2017 年末全县总人口 78.34 万，农业人口 61.57 万，占总人口的 78.6%。2017 年工业总产值 7.5 亿元。

② 水系概况。该县河流、湖泊属九龙江水系，河流有九龙江干流和两条支流。境内九龙江全长 30.95 km，支流全长 40.5 km，有湖泊 2 个，总湖泊面积约 30.3 km²。此外，该县现有中型水库 4 座，小型水库 110 座，塘坝 205 座，全县总的兴利库容达 25 634 × 10⁴ m³。

③ 水资源供需平衡分区。由于水资源供需条件在面积上存在一定的差异性，所以需要划分若干个计算单元。本设计以县境为界，采取流域水系分区。全县共分 6 个计算单元，即片区 A，B，C，D，E，F。各片面积分类情况如表 4-1 所示。

表4-1 该县各片面积分类表　　　　　　　　　　单位：km²

片区名	总面积	地形			种植类型	
		山区	平原	水面	水田	旱地
A	198.1	115.2	78.0	4.9	8.3	79.5
B	257.4	140.8	109.3	7.3	37.2	107.5
C	673.6	72.5	545.2	55.9	247.2	265.1
D	244.6	5.9	220.4	18.3	118.8	25.2
E	175.3	36.7	115.2	23.4	59.3	27.2
F	274.0	81.0	167.5	25.5	61.8	110.3
合计	1 823.0	452.1	1 235.6	135.3	532.6	614.8

（2）水文资料。

① 雨量资料。本次设计选用该县气象站和水文站 1985—2017 年的 33 年雨量资料，各雨量站降雨量统计如表 4-2 所示。

表4-2 该县年、汛期降雨量统计表　　　　　　　　单位：mm

年　份	县雨量站 1		县雨量站 2		县气象站	
	年雨量	汛期雨量	年雨量	汛期雨量	年雨量	汛期雨量
1985	1 728.1	1 068.0	1 691.8	1 064.1	1 610.3	1 014.5
1986	1 654.6	1 022.5	1 716.1	1 079.4	1 739.2	1 095.7
1987	1 738.0	1 074.1	1 887.2	1 187.0	1 845.0	1 162.4
1988	1 806.7	1 116.5	1 800.8	1 132.7	1 694.0	1 067.2
1989	1 816.7	1 122.7	1 842.5	1 158.9	1 843.6	1 161.5
1990	2 027.1	1 252.7	1 967.8	1 237.7	2 175.9	1 370.8
1991	1 767.9	1 092.6	1 829.0	1 150.4	1 933.6	1 218.2
1992	2 170.5	1 341.4	2 239.0	1 408.3	2 381.4	1 500.3
1993	1 513.1	935.1	1 547.2	973.2	1 633.5	1 029.1

年　份	县雨量站1		县雨量站2		县气象站	
	年雨量	汛期雨量	年雨量	汛期雨量	年雨量	汛期雨量
1994	1 622.6	1 002.8	1 466.6	922.5	1 514.5	954.1
1995	1 711.7	1 057.8	1 733.9	1 090.6	1 894.4	1 193.5
1996	2 011.1	1 242.9	2 000.8	1 258.5	1 928.2	1 214.8
1997	1 821.0	1 125.4	1 881.8	1 183.7	1 908.8	1 202.5
1998	1 897.7	1 172.8	1 854.2	1 166.3	1 843.6	1 161.5
1999	1 804.8	1 114.1	1 836.4	1 153.8	1 756.1	1 105.0
2000	1 676.2	1 035.9	1 755.0	1 103.9	1 630.0	1 026.9
2001	1 880.6	1 162.2	1 976.0	1 242.9	1 834.6	1 155.8
2002	2 119.5	1 309.9	2 090.4	1 314.9	1 982.1	1 248.7
2003	1 642.0	1 012.3	1 629.4	1 022.4	1 667.4	1 048.0
2004	1 664.4	1 028.6	1 697.2	1 067.5	1 784.9	1 124.5
2005	1 404.1	880.9	1 454.9	927.2	1 392.9	885.5
2006	1 813.7	1 120.9	1 871.2	1 177.0	1 782.6	1 123.0
2007	1 787.2	1 104.5	1 928.5	1 213.0	2 013.5	1 268.5
2008	1 826.7	1 128.9	1 884.6	1 185.4	1 893.1	1 192.7
2009	1 784.5	1 102.8	1 771.7	1 114.4	1 747.6	1 101.0
2010	1 721.3	1 063.8	1 699.2	1 068.8	1 736.6	1 094.1
2011	1 889.9	1 168.0	1 742.2	1 095.8	1 826.4	1 150.6
2012	1 811.1	1 119.3	1 806.1	1 136.0	1 720.0	1 083.6
2013	2 134.7	1 319.2	2 106.2	1 324.8	1 962.7	1 236.5
2014	2 162.4	1 336.4	2 253.4	1 417.4	2 235.0	1 408.1
2015	1 673.5	1 034.2	1 601.2	1 007.2	1 705.2	1 074.3
2016	1 555.1	961.1	1 548.8	974.2	1 498.1	943.8

年 份	县雨量站1		县雨量站2		县气象站	
	年雨量	汛期雨量	年雨量	汛期雨量	年雨量	汛期雨量
2017	1 794.7	1 109.1	1 826.4	1 148.8	1 837.0	1 157.3

② 径流资料。该县各片区不同代表年水资源总量为相应的当地地表水、过境水和地下水水量之和。

a. 当地地表径流量。为减少计算工作量,本设计中该县各片区不同代表年当地地表径流量可直接采用表4-3(a)~(c)所示的计算结果。其中,6—9月为汛期,汛期按旬计算。

表4-3(a) 当地地表径流量表   单位:10^4 m³

月份	日 期	A 片区				B 片区			
		现状年	$P=50\%$	$P=75\%$	$P=95\%$	现状年	$P=50\%$	$P=75\%$	$P=95\%$
1		28.3	39.3	25.0	25.0	36.8	51.1	32.5	32.5
2		69.3	25.0	67.4	45.9	90.1	32.5	87.6	59.7
3		115.5	54.7	65.8	26.1	150.2	71.1	85.5	33.9
4		114.8	268.2	25.0	25.0	149.2	348.7	32.5	32.5
5		153.5	168.4	183.8	25.0	199.6	218.9	238.9	32.5
6	1—5	55.0	22.3	85.0	55.0	71.5	29.0	110.5	71.5
	6—10	55.0	20.1	125.0	30.0	71.5	26.1	162.5	39.0
	11—15	55.0	55.0	55.0	30.0	71.5	71.5	71.5	39.0
	16—20	93.2	71.0	14.6	72.7	121.2	92.3	19.0	94.5
	21—25	32.6	93.9	60.1	139.6	42.4	122.1	78.1	181.5
	26—30	126.9	105.0	62.2	58.8	165.0	136.5	80.9	76.4

月份	日 期	A 片区				B 片区			
		现状年	$P=50\%$	$P=75\%$	$P=95\%$	现状年	$P=50\%$	$P=75\%$	$P=95\%$
7	1—5	120.9	225.4	218.0	55.0	157.2	293.0	283.4	71.5
	6—10	105.0	356.3	205.0	55.0	136.5	463.2	266.5	71.5
	11—15	155.0	856.2	376.3	147.3	201.5	1 113.1	489.2	191.5
	16—20	243.7	637.7	305.0	238.6	316.8	829.0	396.5	310.2
	21—25	205.0	615.6	576.1	55.0	266.5	800.3	748.9	71.5
	26—30	277.2	305.0	362.3	53.5	360.4	396.5	471.0	69.6
8	1—5	728.3	205.0	205.0	66.5	946.8	266.5	266.5	86.5
	6—10	251.8	155.0	125.0	20.4	327.3	201.5	162.5	26.5
	11—15	247.1	100.4	80.0	220.7	321.2	130.5	104.0	286.9
8	16—20	105.0	40.6	55.0	46.1	136.5	52.8	71.5	59.9
	21—25	105.0	42.9	126.4	55.0	136.5	55.8	164.3	71.5
	26—30	55.0	29.0	122.6	30.0	71.5	37.7	159.4	39.0
9	1—5	155.0	308.4	85.1	30.0	201.5	400.9	110.6	39.0
	6—10	64.2	218.6	101.5	109.1	83.5	284.2	132.0	141.8
	11—15	14.4	96.6	41.3	30.0	18.7	125.6	53.7	39.0
	16—20	55.0	62.7	15.0	32.7	71.5	81.5	19.5	42.5
	21—25	36.0	71.3	25.6	30.0	46.8	92.7	33.3	39.0
	26—30	21.3	65.0	15.0	30.0	27.7	84.5	19.5	39.0
10		205.0	83.6	150.0	49.7	266.5	108.7	195.0	64.6
11		217.6	81.3	64.1	87.5	282.9	105.7	83.3	113.8
12		205.0	45.0	25.0	35.5	266.5	58.5	32.5	46.2

表4-3（b）　当地地表径流量表　　　　单位：10⁴ m³

月份	日　期	C 片区				D 片区			
		现状年	P=50%	P=75%	P=95%	现状年	P=50%	P=75%	P=95%
1		96.2	133.6	85.0	85.0	34.8	48.3	30.8	30.8
2		235.6	85.0	229.2	156.1	85.2	30.8	82.9	56.5
3		392.7	186.0	223.7	88.7	142.1	67.3	80.9	32.1
4		390.3	911.9	85.0	85.0	141.2	329.9	30.8	30.8
5		521.9	572.6	624.9	85.0	188.8	207.1	226.1	30.8
6	1—5	187.0	75.8	289.0	187.0	67.7	27.4	104.6	67.7
	6—10	187.0	68.3	425.0	102.0	67.7	24.7	153.8	36.9
	11—15	187.0	187.0	187.0	102.0	67.7	67.7	67.7	36.9
6	16—20	316.9	241.4	49.6	247.2	114.6	87.3	18.0	89.4
	21—25	110.8	319.3	204.3	474.6	40.1	115.5	73.9	171.7
	26—30	431.5	357.0	211.5	199.9	156.1	129.2	76.5	72.3
	1—5	411.1	766.4	741.2	187.0	148.7	277.2	268.1	67.7
	6—10	357.0	1 211.4	697.0	187.0	129.2	438.2	252.2	67.7
7	11—15	527.0	2 911.1	1 279.4	500.8	190.7	1 053.1	462.8	181.2
	16—20	828.6	2 168.2	1 037.0	811.2	299.8	784.4	375.2	293.5
	21—25	697.0	2 093.0	1 958.7	187.0	252.2	757.2	708.6	67.7
	26—30	942.5	1 037.0	1 231.8	181.9	341.0	375.2	445.6	65.8
	1—5	2 476.2	697.0	697.0	226.1	895.8	252.2	252.2	81.8
	6—10	856.1	527.0	425.0	69.4	309.7	190.7	153.8	25.1
8	11—15	840.1	341.4	272.0	750.4	303.9	123.5	98.4	271.5
	16—20	357.0	138.0	187.0	156.7	129.2	49.9	67.7	56.7
	21—25	357.0	145.9	429.8	187.0	129.2	52.8	155.5	67.7
	26—30	187.0	98.6	416.8	102.0	67.7	35.7	150.8	36.9

月份	日 期	C 片区				D 片区			
		现状年	$P=50\%$	$P=75\%$	$P=95\%$	现状年	$P=50\%$	$P=75\%$	$P=95\%$
9	1—5	527.0	1 048.6	289.3	102.0	190.7	379.3	104.7	36.9
	6—10	218.3	743.2	345.1	370.9	79.0	268.9	124.8	134.2
	11—15	49.0	328.4	140.4	102.0	17.7	118.8	50.8	36.9
	16—20	187.0	213.2	51.0	111.2	67.7	77.1	18.5	40.2
	21—25	122.4	242.4	87.0	102.0	44.3	87.7	31.5	36.9
	26—30	72.4	221.0	51.0	102.0	26.2	80.0	18.5	36.9
10		697.0	284.2	510.0	169.0	252.2	102.8	184.5	61.1
11		739.8	276.4	217.9	297.5	267.6	100.0	78.8	107.6
12		697.0	153.0	85.0	120.7	252.2	55.4	30.8	43.7

表4-3（c） 当地地表径流量表　　　　　　单位：$10^4\ m^3$

月份	日 期	E 片区				F 片区			
		现状年	$P=50\%$	$P=75\%$	$P=95\%$	现状年	$P=50\%$	$P=75\%$	$P=95\%$
1		25.0	34.7	22.1	22.1	39.1	54.2	34.5	34.5
2		61.3	22.1	59.6	40.6	95.6	34.5	93.0	63.3
3		102.1	48.4	58.2	23.1	159.4	75.5	90.8	36.0
4		101.5	237.1	22.1	22.1	158.4	370.1	34.5	34.5
5		135.7	148.9	162.5	22.1	211.8	232.4	253.6	34.5
6	1—5	48.6	19.7	75.1	48.6	75.9	30.8	117.3	75.9
	6—10	48.6	17.8	110.5	26.5	75.9	27.7	172.5	41.4
	11—15	48.6	48.6	48.6	26.5	75.9	75.9	75.9	41.4
	16—20	82.4	62.8	12.9	64.3	128.6	98.0	20.1	100.3
	21—25	28.8	83.0	53.1	123.4	45.0	129.6	82.9	192.6
	26—30	112.2	92.8	55.0	52.0	175.1	144.9	85.8	81.1

月份	日期	E 片区				F 片区			
		现状年	$P=50\%$	$P=75\%$	$P=95\%$	现状年	$P=50\%$	$P=75\%$	$P=95\%$
7	1—5	106.9	199.3	192.7	48.6	166.8	311.1	300.8	75.9
	6—10	92.8	315.0	181.2	48.6	144.9	491.7	282.9	75.9
	11—15	137.0	756.9	332.6	130.2	213.9	1 181.6	519.3	203.3
	16—20	215.4	563.7	269.6	210.9	336.3	880.0	420.9	329.3
	21—25	181.2	544.2	509.3	48.6	282.9	849.5	795.0	75.9
	26—30	245.0	269.6	320.3	47.3	382.5	420.9	500.0	73.8
8	1—5	643.8	181.2	181.2	58.8	1 005.1	282.9	282.9	91.8
	6—10	222.6	137.0	110.5	18.0	347.5	213.9	172.5	28.2
	11—15	218.4	88.8	70.7	195.1	341.0	138.6	110.4	304.6
	16—20	92.8	35.9	48.6	40.8	144.9	56.0	75.9	63.6
	21—25	92.8	37.9	111.7	48.6	144.9	59.2	174.4	75.9
	26—30	48.6	25.6	108.4	26.5	75.9	40.0	169.2	41.4
9	1—5	137.0	272.6	75.2	26.5	213.9	425.6	117.4	41.4
	6—10	56.8	193.2	89.7	96.4	88.6	301.7	140.1	150.6
	11—15	12.7	85.4	36.5	26.5	19.9	133.3	57.0	41.4
	16—20	48.6	55.4	13.3	28.9	75.9	86.5	20.7	45.1
	21—25	31.8	63.0	22.6	26.5	49.7	98.4	35.3	41.4
	26—30	18.8	57.5	13.3	26.5	29.4	89.7	20.7	41.4
10		181.2	73.9	132.6	43.9	282.9	115.4	207.0	68.6
11		192.4	71.9	56.7	77.4	300.3	112.2	88.5	120.8
12		181.2	39.8	22.1	31.4	282.9	62.1	34.5	49.0

　　b. 过境水。过境水包括两部分：一部分是九龙江分配给该县的水资源量；另

一部分是该县的境外汇流量。该县各片区不同代表年的年过境水资源量如表4-4所示。由于缺少过境水量月分配资料，各片区不同代表年过境水量的年内分配参照各片区相应代表年的当地地表径流量年内分配比例进行划分。

表4-4　该县各片不同代表年过境水量表　　　　　　单位：$10^4\ m^3$

片　名	现状水平年	平水年	枯水年	特枯水年
A	5 220	5 320	3 060.5	1 780.5
B	20 506	20 745	12 580	6 525
C	82 300	86 510	56 210	28 560
D	52 506	54 945	46 320	30 506
E	32 530	33 720	28 526	23 213
F	14 600	14 852	11 205	9 104
合计	207 662	216 092	157 901.5	99 688.5

c. 地下水。该县地下水储蓄量约 $3.05 \times 10^9\ m^3$，本次分析的评价量以补给量进行估算。补给量包括天然补给量、开采补给量和人工补给量三部分。为避免水资源总量的重复计算，补给量只计算天然降雨入渗补给量。

该县各片区各代表年型年降雨量情况如表4-5所示。

表4-5　该县各片代表年型的年降雨量统计表　　　　　　单位：mm

片　名	现状水平年	平水年	枯水年	特殊干旱年
A	1 742.8	1 764.6	1 704.9	1 430.6
B	1 797.2	1 760.6	1 612.9	1 410.0
C	1 772.4	1 807.6	1 598.3	1 414.0
D	1 728.0	1 862.2	1 565.6	1 433.4
E	1 780.7	1 807.7	1 621.5	1 447.5
F	1 790.6	1 790.2	1 762.1	1 485.0

（3）现状供水工程调查资料。

① 蓄水工程。该县蓄水工程包括中小型水库和塘坝。各片蓄水工程兴利库容如表4-6所示。

表4-6 该县各片蓄水工程兴利库容表   单位：$10^4\ m^3$

片　名	水　库	塘　坝	合　计
A	564	150	714
B	480	370	850
C	8 102	2 450	10 552
D	905	1 620	2 525
E	3 895	1 560	5 455
F	4 856	682	5 538
合计	18 802	6 832	25 634

② 提水工程。全县共装机300处700台，总容量45 410.5 kW，各片区提水工程的供水能力情况如表4-7所示。

表4-7 该县提水工程提水能力调查表   单位：$10^4\ m^3$

片　区	提水能力
A	2 640.0
B	75 020.5
C	102 240.7
D	55 500.4
E	120 015.5
F	54 700.4
合计	410 117.5

③ 水井工程。据统计，全县可用井70眼，总供水能力为 $1\ 571×10^4\ m^3$。另外，2017年开采量为 $722.5×10^4\ m^3$，其中工业用水 $341.5×10^4\ m^3$，生活用水

$381.0 \times 10^4 \text{ m}^3$，各片水井工程供水能力与现状水平年实际供水情况如表4-8所示。

表4-8 该县水井工程供水情况调查表   单位：10^4 m^3

片 名	供水能力	2017 年实际开采量		
		合计	工业用水	生活用水
A	67.5	61.0	—	—
B	263.0	151.5	—	—
C	775.5	273.0	—	—
D	224.0	96.5	—	—
E	175.0	95.0	—	—
F	66.0	45.5	—	—
合计	1 571	722.5	341.5	381.0

（4）现状供水工程调查资料。按照《全国水资源综合规划细则》，需水部门分为生活、生产及生态环境三大类。考虑到实际情况，本次设计仅考虑生活（城镇居民生活和农村居民生活）、工业和农业三个用水部门。

在各用水部门中，工业用水、城镇居民生活用水和农村居民生活用水受外界来水、降雨和旱情的影响较小，因此同一水平年不同来水情况下（不同代表年来水）以上部门需水量可假定不变。农业灌溉用水与自然界的气候等因素密切相关，同一水平年，来水丰枯不同，农业需水量亦不同。本部分需要计算不同来水情况下农业需水量，各片生活、工业和农业需水量之和即各片总需水量。

① 生活用水。生活用水包括两部分：城镇居民生活用水和农村居民生活用水。现状 2017 年城镇居民生活用水定额为 130 L /（人·日），城镇居民人口按照非农业人口计算。农村家庭生活水平较低，用水定额取 90 L /（人·日）。

② 工业用水。根据登记调查，2017 年该县工业总产值 7.5 亿元，工业用水量为 $1\,575.0 \times 10^4 \text{ m}^3$，万元产值需水定额为 210 m³/ 万元；考虑今后工业结构调整，采用 200 m³/ 万元。

由于缺少资料，本设计中各片工业需水的年内分配系数采用各月相等的办法进行。汛期工业需水平均分配到各旬。

③ 农业灌溉用水。灌溉用水量是指作物生长期内天然降水不能满足需要而必须由水利工程提供的水量。本次设计中，根据水量平衡原理并结合当地实际情况，

制定水稻和旱作物两种类型的灌溉制度，再根据灌溉面积、渠系水利用系数计算需水量。

a. 水稻的灌溉制度。水稻的生长期可分为秧田期、泡田期和大田期，因各生长期各具特点，故按三个时期进行分析。

第一，秧田期。秧田期灌水定额采用下列公式近似估算：

$$M_{秧} = 0.667 \left(S_1 + E_{需1} - P_1 \right) / 10 \qquad (4-1)$$

式中：

$M_{秧}$——秧田期灌水定额，m³/亩；

S_1——秧田期渗漏量，取值为 2 mm/d；

$E_{需1}$——秧田期田间需水量，mm，取值为 300 ~ 420 mm；

P_1——秧田期降雨量吗，mm，见表4-9（a）~（c）。

本次计算秧田期取 30 ~ 40 d。

表4-9（a）　各片区平均降雨量表　　　　　　　　单位：mm

时　间	A 片区				B 片区			
	现状年	$P=50\%$	$P=75\%$	$P=95\%$	现状年	$P=50\%$	$P=75\%$	$P=95\%$
4 月上旬	18.1	49.2	10.1	0.0	20.3	43.4	7.3	0.0
4 月中旬	19.4	33.9	42.9	28.5	17.0	17.6	37.3	31.8
4 月下旬	89.9	42.9	0.0	0.5	58.0	62.6	0.0	11.1
5 月上旬	10.6	32.4	119.4	24.1	9.3	31.0	126.6	20.0
5 月中旬	67.9	56.7	51.3	0.0	82.9	48.3	55.2	0.0
5 月下旬	45.0	0.0	62.7	28.7	60.0	0.0	68.4	33.8
6 月上旬	7.7	64.3	72.7	36.7	28.9	60.3	56.4	26.9
6 月中旬	64.1	63.4	35.8	142.6	48.1	85.0	32.9	87.9
6 月下旬	70.6	30.2	66.0	80.6	72.7	84.3	74.7	60.3
7 月上旬	48.9	84.7	64.1	9.0	43.2	122.5	45.1	10.9
7 月中旬	84.4	253.4	87.7	254.8	131.2	227.9	57.4	240.5
7 月下旬	53.4	75.9	223.7	18.5	39.0	100.5	157.1	12.5
8 月上旬	302.0	4.5	0.0	97.4	220.9	1.0	6.2	47.2

时　间	A 片区				B 片区			
	现状年	$P=50\%$	$P=75\%$	$P=95\%$	现状年	$P=50\%$	$P=75\%$	$P=95\%$
8 月中旬	39.3	90.3	20.0	4.7	15.2	32.4	30.1	107.9
8 月下旬	13.2	44.5	99.1	142.8	37.7	33.5	120.6	0.0
9 月上旬	86.6	83.2	74.0	10.8	107.1	67.3	91.4	169.9
9 月中旬	3.5	60.9	16.3	0.0	2.7	58.4	14.5	7.4
9 月下旬	69.2	31.0	23.4	16.4	124.1	24.8	23.3	17.6

表4-9（b）　各片区平均降雨量表　　　　单位：mm

时　间	C 片区				D 片区			
	现状年	$P=50\%$	$P=75\%$	$P=95\%$	现状年	$P=50\%$	$P=75\%$	$P=95\%$
4 月上旬	15.4	40.5	9.3	0.0	20.1	44.3	9.6	0.0
4 月中旬	21.6	17.9	26.0	26.7	16.0	27.0	39.4	24.8
4 月下旬	68.4	25.0	0.0	9.6	97.9	41.3	0.0	6.0
5 月上旬	8.4	36.3	169.2	42.9	8.5	37.0	134.9	23.1
5 月中旬	71.2	35.9	19.7	0.5	78.8	46.9	25.7	0.3
5 月下旬	36.4	1.0	61.8	36.9	42.9	0.0	56.5	35.3
6 月上旬	15.1	149.3	36.0	24.7	17.6	162.2	72.1	22.6
6 月中旬	40.1	65.8	65.2	64.3	60.9	87.1	33.6	103.4
6 月下旬	61.3	64.7	52.7	50.9	67.6	47.7	69.7	68.0
7 月上旬	30.3	58.7	10.8	8.9	63.5	81.9	19.7	33.9
7 月中旬	282.3	210.1	67.7	247.1	181.1	190.7	69.5	205.0
7 月下旬	34.5	137.0	163.6	11.3	9.6	124.6	151.2	32.0
8 月上旬	291.0	10.2	0.9	102.7	201.6	3.5	0.5	61.1
8 月中旬	18.4	40.9	42.5	59.8	16.7	40.0	21.0	132.0
8 月下旬	6.7	73.0	106.9	0.0	21.2	55.1	139.0	0.3

续 表

时 间	C 片区				D 片区			
	现状年	$P=50\%$	$P=75\%$	$P=95\%$	现状年	$P=50\%$	$P=75\%$	$P=95\%$
9 月上旬	41.7	81.5	99.9	106.0	74.8	75.4	77.8	93.4
9 月中旬	2.0	57.8	11.2	9.9	3.9	72.7	10.9	6.6
9 月下旬	58.1	16.8	51.6	76.5	96.8	22.8	43.2	47.8

表4-9（c）　各片区平均降雨量表　　　　　　单位：mm

时 间	E 片区				F 片区			
	现状年	$P=50\%$	$P=75\%$	$P=95\%$	现状年	$P=50\%$	$P=75\%$	$P=95\%$
4 月上旬	16.8	45.1	9.9	6.1	22.0	36.1	5.1	0.0
4 月中旬	20.7	24.9	32.2	19.3	20.9	15.7	54.0	38.0
4 月下旬	103.7	38.2	0.0	6.9	70.8	41.1	1.1	0.3
5 月上旬	9.8	36.2	293.1	51.0	8.7	36.4	133.1	56.3
5 月中旬	80.5	44.4	24.0	0.3	68.1	34.0	33.3	0.6
5 月下旬	43.9	0.2	57.5	36.4	50.9	0.0	65.4	36.1
6 月上旬	16.8	121.9	53.1	16.0	29.1	67.1	122.1	38.0
6 月中旬	60.9	76.8	51.9	91.0	57.5	95.1	46.6	26.1
6 月下旬	62.2	48.3	60.9	62.3	103.7	147.1	114.1	76.9
7 月上旬	39.2	78.1	9.8	14.9	64.0	68.6	1.1	37.8
7 月中旬	175.3	213.9	36.5	256.0	85.5	188.2	88.5	157.6
7 月下旬	34.2	98.3	110.6	24.3	27.2	153.6	131.0	22.3
8 月上旬	302.8	8.5	0.6	52.6	191.7	7.1	1.3	99.8
8 月中旬	8.9	46.3	33.8	89.6	19.0	61.0	4.9	151.0
8 月下旬	12.7	83.6	108.7	0.5	35.3	50.6	174.6	0.0
9 月上旬	57.8	78.1	79.0	112.4	120.6	56.8	67.0	162.1
9 月中旬	3.3	68.3	10.1	7.8	2.7	37.3	16.1	6.9

时　间	E 片区				F 片区			
	现状年	$P=50\%$	$P=75\%$	$P=95\%$	现状年	$P=50\%$	$P=75\%$	$P=95\%$
9 月下旬	62.4	24.7	44.0	55.4	145.6	22.1	45.5	25.4

第二，泡田期。泡田期灌水定额由下列公式估算：

$$M_{泡} = 0.667a + 0.667(S_2 + E_{需2} - P_2) \qquad （4-2）$$

式中：

$M_{泡}$——泡田期灌水定额，m³/ 亩；

a——插秧时所需水层深度，取值为 50 mm；

S_2——泡田期渗漏量，取值为 2 mm/d；

$E_{需2}$——泡田期田间需水量，mm，取 3.3 mm/d；

P_2——泡田期降雨量，mm。

本次设计泡田期取 10 d 左右。

第三，大田期。大田期时段末的水层深度按照水量平衡方程逐日进行计算：

$$h_2 = h_1 + P + m - E - C \qquad （4-3）$$

式中：

h_1，h_2——时段初、末的水层深度，mm；

P——时段内降雨量，mm；

C——时段内排水深，mm；

m——时段内灌水深，mm；

E——时段内田间耗水量，mm。

大田期需水量计算时段汛期取旬，非汛期取月。表 4-10 中各片区耗水量为逐日数据，逐日耗水量乘以相应计算时段的日数即时段内田间耗水量 E。水稻田适宜水层深度如表 4-11 所示。

表4-10　该县各片逐日耗水量表　　　　　单位：mm

年　型	6月份			7月份			8月份			9月份		
	上旬	中旬	下旬	上旬	中旬	下旬	上旬	中旬	下旬	上旬	中旬	下旬
现状	13.0	12.1	12.0	12.1	11.5	11.7	10.7	10.5	10.1	9.5	9.0	8.7
50%	11.2	11.5	11.4	12.0	11.2	11.5	10.4	10.4	10.0	9.2	8.9	8.6

续　表

年型	6月份			7月份			8月份			9月份		
	上旬	中旬	下旬	上旬	中旬	下旬	上旬	中旬	下旬	上旬	中旬	下旬
75%	12.2	11.9	11.8	13.9	12.4	12.3	11.9	11.5	10.8	10.3	10.1	9.5
95%	13.7	12.5	12.1	14.9	13.0	13.5	12.8	12.1	11.5	11.1	10.9	10.1

表4-11　该县水稻田适宜水层深度表　　　　　单位：mm

时　间	适宜上限 h_{max}	适宜下限 h_{min}	雨后最大蓄水深度 h_p
6月上旬	30	5	50
6月中旬	50	20	70
6月下旬	50	20	70
7月上旬	50	20	70
7月中旬	60	30	90
7月下旬	60	30	90
8月上旬	60	30	90
8月中旬	30	10	80
8月下旬	30	10	80
9月上旬	30	10	60
9月中旬	30	10	60
9月下旬	10	0	

　　b.旱作物灌溉制度。据调查，该县现状年缺少灌水数据资料。考虑实际情况，本次直接采用九龙江流域某市统一制定的旱作物灌溉定额、灌水时间及灌水定额分配，如表4-12所示。

表4-12　该县旱作物灌溉制度表　　　　　　单位：m³/亩

代表年	灌水时间	灌水定额	灌溉定额
现状年			
P=50%	11月	15	60
	3月	15	
	4月	15	
	5月	15	
P=75%	11月	15	75
	3月	15	
	4月	15	
	5月	30	
P=95%	10月	20	95
	11月	15	
	3月	15	
	4月	15	
	5月	30	

c.灌溉水量。本次计算时，水稻采用水利用系数0.45推求毛灌溉定额，旱作物不计渠系水损失及回归。

由此，根据作物面积、水稻田及旱作物灌溉制度，算出农业灌溉需水总量及用水过程。

（5）现状水平年水资源供需平衡。平衡方法：

①非汛期按月平衡，汛期按旬平衡。

②片与片之间余缺水量不做进一步调整。

（6）规划水平年水资源供需平衡（可选项）。

①需水量预测。据预测，到2025年城镇人口为90.5万，农村人口为66.0万，2025年城乡用水定额分别为150 L／（人·d）和100 L／（人·d）。

到2025年，该县的工业产值将由2014年的7.5亿元上升到15.5亿元，万元产值耗水量按现状计算。

农业灌溉用水量预测：2025年该县耕地面积不变。取用现状水平年的净灌溉定额参加计算，渠系水利用系数是原来的1.1倍，但旱作物不计渠系水损失及回归。

② 可供水量预测。2025年，该县下垫面不会有太大变化，因而水资源总量和当地地表可利用量不另做计算。由于需水量的变化、供水工程的增加和地下水的开发利用，可供水量为2017年各年型的1.1倍。

3）设计要求

课程设计分为6组，8人一组（按学号顺序进行分组）。一组一个评价片区，在教师指导下，集中时间、集中地点完成。具体各组的评价片区名如表4-13所示。

表4-13　各组的评价片区名

分　组	评价片区名
1	A
2	B
3	C
4	D
5	E
6	F

具体要求：

（1）设计前熟悉原始资料及总体设计技术路线。

（2）设计过程中，要求学生认真复习相关的基本概念和知识。

（3）课程设计说明书内容完整、计算准确、论述清晰、装订整齐。

（4）课程设计表格与图纸布局合理、正确清晰。

（5）在设计过程中应独立思考，在指导教师帮助下每人独立完成课程设计工作并提交一份课程设计报告，严禁抄袭。

（6）设计报告书中必须明确包含以下几个关键得分点。

①代表年选择结果。

②降雨入渗补给量计算成果。

③水资源评价量成果表。

④各片区灌溉制度。

⑤各片区需水计算汇总成果。

⑥各片区可供水量计算成果。

⑦现状水平年分别在保证率为 $P=50\%$，$P=75\%$，$P=95\%$ 条件下的供需平衡成果。

⑧规划水平年 2020 年供需预测结果（可选项）。

4.2.2　设计时间进度安排

设计时间为 1 周。

（1）明确评价区资料概况与设计任务（0.5 天）。

（2）水资源总量评价（1.0 天）。

① 汛期雨量及年降雨量的统计（0.25 天）。

② 各种保证率代表年的选择（0.25 天）。

③ 水资源总量分析计算（0.5 天）。

（3）现状供水工程调查分析（0.5 天）。

① 蓄水工程。

② 提水工程。

③ 水井工程。

（4）现状需水调查分析（1.0 天）。

① 生活需水（0.25 天）。

② 工业需水（0.25 天）。

③ 农业灌溉需水（0.5 天）。

（5）现状水资源供需平衡分析（1.0 天）。

① 可供水量（0.25 天）。

② 用水次序（0.25 天）。

③ 水资源供需平衡分析（0.5 天）。

（6）规划水平年水资源供需平衡预测（可选项）。

① 需水量预测。

② 可供水量预测。

③ 用水次序。

④ 水资源供需平衡预测。

（7）整理课程设计报告书并准备答辩（0.5 天）。

（8）答辩（0.5 天）。

4.3　水资源利用与保护课程设计指导书

4.3.1　设计成果要求

每人提交课程设计报告书一份，要求书面与图表整洁美观、文理通顺、层次分明、计算无误，并按照指定时间与地点参加课程设计的个人答辩。

1）报告内容要求

题目：某县×××片区水资源供需平衡分析

➤ 封面（所在专业班级、第几设计组、姓名、日期、设计者、指导教师姓名）

➤ 目录

1　评价地区概况与设计任务

  1.1　评价地区概况与基本资料

  1.2　设计任务

  1.3　设计原始资料

2　水资源总量评价

  2.1　汛期雨量及年降雨量的统计

  2.2　各种保证率代表年的选择

  2.3　水资源总量分析计算

3　现状供水工程调查分析

  3.1　蓄水工程

  3.2　提水工程

  3.3　水井工程

4　现状需水调查分析

  4.1　生活需水

  4.2　工业需水

  4.3　农业灌溉需水

5　现状水资源供需平衡分析

  5.1　可供水量

  5.2　用水次序

5.3　水资源供需平衡分析

6　规划水平年水资源供需平衡预测（可选项）

6.1　需水量预测

6.2　可供水量预测

6.3　用水次序

6.4　水资源供需平衡预测

7　课设感想

2）格式要求

参见本书最后的附录 1 的报告书写格式。

4.3.2　设计要点的分析与解决方案

以下，按报告书章节顺序逐一解说设计要点及其解决方案。

1　评价地区概况与设计任务

1.1　评价地区概况与基本资料

1.1.1　自然概况：参见 4.2 节的课程设计任务书

1.1.2　水系概况：参见 4.2 节的课程设计任务书

1.1.3　水资源供需平衡分区：参见 4.2 节的课程设计任务书

1.2　设计任务

1.2.1　设计水平年与保证率

1）水平年

现状水平年（基准年）：2017 年

规划水平年：近期 2025 年

2）保证率

针对保证率为 50%（平水年）、75%（枯水年）、95%（特枯水年）进行计算。

1.2.2　具体设计任务：参见 4.2 节的任务书

1.3　设计原始资料

1.3.1　水文资料：参见 4.2 节的任务书

1.3.2　现状供水工程调查资料：参见 4.2 节的任务书

1.3.3　现状用水调查资料：参见 4.2 节的任务书

1.3.4　规划水平年供水量与用水量预测资料：参见 4.2 节的任务书

2　水资源总量评价

区域水资源供需分析要根据一定的雨情、水情或旱情进行分析计算。目前有两种方法，一种为系列法，即按照雨情、水情或旱情的历史系列逐年分析计算；另一种方法为代表年法，即区域水资源的供需分析，仅分析计算有代表性的雨情、水情或旱情的几个年份，不必逐年分析计算。为简化分析计算的工作量，本次设计采用代表年法进行计算，且以降雨量系列选择代表年。

2.1 汛期雨量及年降雨量的统计

本次设计选用该县水文站、该县气象站和三河闸水文站 1985 年至 2017 年 33 年的雨量资料系列，各雨量站降雨量统计见 4.2 节中的表 4-2。统计三站逐年的降雨量和汛期雨量，取三站逐年年降雨量的算术平均值进行频率分析计算。参数初始值采用矩阵法估算，适线可采用现有适线软件。

2.2 各种保证率代表年的选择

用代表年分析区域水资源的供需情况，要求所选代表年必须具有比较好的代表性，能够反映区域不同来水情况下的水资源供需情况。同时，代表年选择过程应该把握好年总水量和年内水量分配两个环节。根据规范，本次设计需要分析四种年型：①现状水平年；②平水年（ $P = 50\%$ ）；③枯水年（ $P = 75\%$ ）；④特枯水年（ $P = 95\%$ ）。

根据上一节分析计算的年降雨量频率曲线查算出三种不同保证率的年降雨量，再从实际系列中挑选出年降雨量比较接近的年份，选择对工程较为不利的年份作为代表年。在年降雨量接近的情况下，雨量过分集中（汛期雨量偏大）的年份对水资源的存蓄及供给不利，可考虑作为代表年。

2.3 水资源总量分析计算

该县不同代表年的水资源总量包括该代表年产生的当地地表水、过境水和地下水三部分。即

$$W_总 = W_{当地地表} + W_{过境水} + W_{地下} \tag{4-4}$$

2.3.1 当地地表水资源

为减小计算工作量，本设计中该县各片区不同代表年当地地表径流量可直接采用 4.2 节的任务书中的表 4-3（a）~（c）的计算结果。其中，6—9 月为汛期，汛期按旬计算，即将汛期时的径流相加转换成相应旬的径流量。其余月份的计算时段单位则为月。

2.3.2 过境水

该县各片区不同代表年的过境水量可直接采用 4.2 节中表 4-4 的计算结果，其中 A 片区没有过境河流，过境水量为境外汇流量。由于缺少过境水量月分配资料，各片区不同代表年过境水量的年内分配参照各片区相应代表年的当地地表径流量年内分配比例进行划分。即

$$W_{i,j,过境} = W_{i,过境} \frac{W_{i,j,当地}}{W_{i,当地}} \qquad (4-5)$$

式中：

$W_{i,过境}$——某代表年 i 过境水量（i 代表平水年、一般干旱年或特别枯水年，下同），$10^4 \mathrm{m}^3$；

$W_{i,j,过境}$——某代表年 i 第 j 个月过境水量，$10^4\ \mathrm{m}^3$；

$W_{i,当地}$——某代表年 i 当地地表水资源量，$10^4\ \mathrm{m}^3$；

$W_{i,j,当地}$——某代表年 i 第 j 个月当地地表水资源量，$10^4\ \mathrm{m}^3$。

2.3.3 地下水

该县地下水储蓄量约 $30.5 \times 10^8 \mathrm{m}^3$，本次分析的评价量以补给量进行估算。补给量包括天然补给量、开采补给量和人工补给量三部分。为避免水资源总量的重复计算，补给量只计算天然降雨入渗补给量。大气降雨入渗补给量按式（4-6）计算：

$$W_\mathrm{f} = 0.1 \times P \times a \times F \qquad (4-6)$$

式中：

W_f——大气降雨入渗补给量，$10^4\ \mathrm{m}^3/$ 年；

P——年降雨量，$\mathrm{mm}/$ 年；

a——年降雨入渗系数，本设计山丘区为 0.05，平原区为 0.1；

F——计算区面积，单位为 km^2。

该县各片各代表年型年降雨量情况见 4.2 节中的表 4-5。

3 现状供水工程调查分析

3.1 蓄水工程

参见 4.2 节的任务书。

3.2 提水工程

参见 4.2 节的任务书。

3.3 水井工程

参见 4.2 节的任务书。

4 现状需水调查分析

按照《全国水资源综合规划细则》，需水部门分为生活、生产及生态环境三大类。考虑到实际情况，本次设计仅考虑生活用水（包括城镇居民生活和农村居民生活）、工业用水和农业用水。

在各用水单位中，工业用水、城镇居民生活用水和农村居民生活用水受外界来水、降雨和旱情的影响较小，因此同一水平年不同来水情况下（不同代表年来水）以上部门需水量可假定不变。农业灌溉用水与自然界的气候等因素密切相关，同一水平年来水丰枯不同，其农业需水量亦不同。本部分需要计算不同来水情况下（保证率分别为 $P=50\%$，$P=75\%$，$P=95\%$ 条件下）的农业需水量。各片区生活、工业和农业需水量之和为各片总需水量。

4.1 生活需水

生活需水包括城镇居民生活用水和农村居民生活用水。其计算公式为

$$W_i = P_i K_i \tag{4-7}$$

式中：

W_i ——某水平年城镇或农村生活用水量，10^4 m³/ 年；

P_i ——某水平年人口，万人；

K_i ——拟定的某水平年人均综合用水定额，m³/（人·年）。

求出该县年总用水量之后，各片区生活用水量分配可参考各片区行政面积占该县行政面积的比例进行分割。由于缺少资料，同时由于生活用水各月相差不大，可取各月相等，即按照下式计算各月生活需水量。汛期各旬生活需水量为月需水量的 1/3。

$$W_{i,j} = \frac{1}{12} W_i \tag{4-8}$$

式中：

W_i ——预测的某水平年城镇或农村生活用水量，10^4 m³；

$W_{i,j}$ ——预测的某水平年第 j 月城镇或农村生活用水量，10^4 m³。

现状水平年城镇居民生活用水定额为 130 L /（人·日），城镇居民人口按照非农业人口计算。农村家庭生活设施水平较低，用水定额取 90 L /（人·日）。

注意：计算生活用水时，所需的行政比例请用 4.2 节任务书表 4-1 中的片区面积除以总面积。

4.2 工业需水

该县工业需水计算方法采用定额法，即根据工业总产值和用水定额求出全县的工业需水。假设县内各片区工业分布基本均匀，故各片区工业用水量分配可参考各片区行政面积占该县行政面积的比例进行分割。

定额法考虑工业产值和万元产值用水量情况，该县工业需水量计算公式为

$$W_县 = q \times P_{工业} \tag{4-9}$$

$$W_i = W_县 \frac{A_i}{A_县} \tag{4-10}$$

式中：

$W_县$、W_i——全县工业年用水量和某片区工业年需水量，10^4 m³；

q——万元产值用水量，m³/万元；

$P_{工业}$——工业产值，亿元；

A_i——为某片行政面积，km²；

$A_县$——为该县县行政面积，km²。

根据登记调查，现状水平年该县工业用水量为 $1\,575.0 \times 10^4$ m³，万元产值需水定额为 210 m³/万元；考虑今后工业结构调整，采用 200 m³/万元。

由于缺少资料，本设计中各片区工业需水的年内分配系数采用各月相等的办法进行。汛期工业需水平均分配到各旬。

注意：计算工业用水时，所需的行政比例请用 4.2 节表 4-1 中的片区面积除以总面积。

4.3 农业灌溉需水

灌溉用水量是指作物生长期内天然降水不能满足需要而必须由水利工程提供的水量。本次设计中，根据水量平衡原理并结合当地实际情况，制定水稻和旱作物两种类型的灌溉制度，再根据灌溉面积、渠系水利用系数计算其需水量。

注意：计算水田与旱田需水时，注意要将 4.2 节表 4-1 中的片区水田面积与旱地面积的 km² 单位换算成亩的单位（1 km² 等于 1 500 亩）。

4.3.1 水稻的灌溉制度

水稻的生长期可分为秧田期、泡田期和大田期，因其各具特点，故按 3 个时期进行分析。

1）秧田期

秧田期计算采用式（4-11）近似估算：

$$M_秧 = 0.667\,(S_1 + E_{需1} - P_1)/10 \tag{4-11}$$

式中：

$M_秧$——秧田期灌水定额，m³/亩；

S_1——秧田期渗漏量，取值为 2 mm/d；

$E_{需1}$——秧田期田间需水量，mm，取值为 300～420 mm；

P_1——秧田期降雨量，mm，见 4.2 节中的表 4-9（a），（b）。

本次计算建议秧田期取 30 d，$E_{需1}$ 取 400 mm，时间为 4 月 21 日至 5 月 20 日。

2）泡田期

泡田期定额采用式（4-12）进行估算：

$$M_{泡} = 0.667a + 0.667(S_2 + E_{需2} - P_2) \tag{4-12}$$

式中：

$M_{泡}$——泡田期灌水定额，m³/亩；

a——插秧时所需水层深度，取值为 50 mm；

S_2——泡田期渗漏量，取值为 2 mm/d；

$E_{需2}$——泡田期田间需水量，mm，取 3.3 mm/d；

P_2——泡田期降雨量，单位为 mm。

本次设计泡田期可取 11 d。时间为 5 月 21 日至 5 月 31 日。

3）大田期

大田期计算按照水量平衡方程逐日进行计算：

$$h_2 = h_1 + P + m - E - C \tag{4-13}$$

式中：

h_1，h_2——时段初、末的水层深度，mm；

P——时段内降雨量，mm；

C——时段内排水深，mm；

m——时段内灌水深，mm；

E——时段内田间耗水量，mm。

大田期需水量计算时段汛期取旬，非汛期取月。4.2 节的表 4-10 中各片区耗水量为逐日数据，逐日耗水量乘以相应计算时段的日数为时段内田间耗水量 E。水稻田适宜水层深度见 4.2 节中的表 4-11。

本次设计大田区计算期间为 6 月 1 日至 9 月 30 日共 4 个月。水稻田初始水层深度值取 6 月份水稻田适宜水层深度下限值的 2 倍为 10 mm。

注意：式（4-13）算出来的是灌水深度，其单位是 mm，最后计算大田期的灌溉用水量时需要将其单位转化成每亩多少立方米。

4.3.2　旱作物灌溉制度

旱作物的灌水时间及灌水定额分配参见 4.2 节中的表 4-12。

4.3.3　灌溉水量

本次计算时，水稻采用水利用系数 0.45 推求毛灌溉定额，旱作物不计渠系水损失及回归。

由此，根据作物面积、水稻田及旱作物灌溉制度算出农业灌溉需水总量。

5　现状水资源供需平衡分析

5.1　可供水量

可供水量是指在不同频率或保证频率以下，为满足不同水平年的需水要求，工程设施可提供的水量。从可供水量的定义出发，影响可供水量大小的因素有来水条件、用水条件、水质条件和工程条件。其中，"不同频率"反映来水的丰、平、枯情况；工程的弃水和不能为用户所利用的水量不算"工程设施可提供的水量"，没有通过工程设施为用户直接利用的水不算可供水量。

本设计中选择计算不同代表年的来水，计算可供水量的大小。引、提水工程的可供水量的计算公式为

$$W_{可供,t} = \min(W_{来水}, W_{需水}, W_{供水能力})_t \qquad (4-14)$$

式中：

$W_{可供,t}$，$W_{来水}$，$W_{需水}$，$W_{供水能力}$ ——t 时段工程的可供水量、来水量、需水量和工程的供水能力，10^4m^3。

蓄水工程除考虑时段 t 的来水、需水条件外，还要考虑水库蓄水量的大小，即水库或塘坝的调蓄作用。

5.2 用水次序

可利用水资源包括三部分：当地地表水可利用水资源量、过境水可利用量和地下水资源可利用量。本次评价中，地下水资源可利用量采用现状水平年的实际开采量。

用水次序：

（1）先用当地地表水资源量，当地水资源可利用量大于用水量时，多余水由水库和塘坝进行调蓄。计算时段初水库及塘坝有效库容可假设为相应兴利库容的一半。

（2）当地水资源可利用量小于需水量时，可由上时段水库及塘坝参与平衡，不足水量由过境水补充。

（3）地下水资源作为备用水源，只有当地表水资源量不足时，才考虑开采地下水，且开采时应注意不要超过地下水的可利用量。

5.3 水资源供需平衡分析

平衡方法：

（1）非汛期按月平衡，汛期按旬平衡。

（2）片与片之间余缺水量不做进一步调整。

6 规划水平年水资源供需平衡预测（可选项）

6.1 需水量预测

据预测，到 2025 年该县城镇人口为 24.5 万，农村人口为 66.0 万，2025 年城乡用水定额分别为 150 L /（人·日）和 100 L /（人·日）。

到 2025 年，该县的工业产值将由现状水平年的 7.5 亿元上升到 15.5 亿元，万元产值耗水量按现状计算。

农业灌溉用水量预测：2025 年该县耕地面积不变。取用现状水平年的净灌溉定额参加计算，渠系水利用系数是原来的 1.1 倍。

6.2　可供水量预测

2025 年，该县下垫面不会有太大变化，因而水资源总量和当地地表可利用量不另做计算。由于需水量的变化、供水工程的增加和地下水的开发利用，可供水量为现状水平年各年型的 1.1 倍。

6.3　用水次序

用水次序如下：

（1）先用当地地表水资源量，当地水资源可利用量大于用水量时，多余水由水库和塘坝进行调蓄。计算时段初水库及塘坝有效库容可假设为相应兴利库容的一半。

（2）当地水资源可利用量小于需水量时，可由上时段水库及塘坝参与平衡，不足水量由过境水补充。

（3）地下水资源作为备用水源，只有当地表水资源量不足时，才考虑开采地下水，且开采时应注意不要超过地下水的可利用量。

6.4　水资源供需平衡预测

平衡方法：

（1）非汛期按月平衡，汛期按旬平衡。

（2）片与片之间余缺水量不做进一步调整。

7　课程设计感想

可描述自己从事本次课程设计的整个过程，包括课程设计过程中自己遇到的主要问题以及最终如何解决这些问题，自己学到了哪些知识。此外，还可针对本次课程设计的内容、难易程度及时间安排提出自己的意见与建议。

本章主要参考文献：

[1]　董增川.水资源规划与管理 [M].北京：中国水利水电出版社,2008.

[2]　梁忠民,钟平安.水文水利计算 [M].北京：中国水利水电出版社,2008.

[3]　黄永基，马滇珍.区域水资源供需分析方法 [M].北京：中国水利水电出版社,1990.

[4]　中华人民共和国水利部.全国水资源综合综合规划细则：GB 50201—2014 [S].北京：中国计划出版社,2002.

[5] 中国市政工程西南设计院.给水排水设计手册（第 7 册）：城镇排水 [M].北京：中国建筑工业出版社,2000.

[6] 河海大学,水资源利用与管理课程设计 [EB/OL].(2015–10–29) [2018–11–05] http://www.doc88.com/p–3847769845043.html.

[7] 河海大学,水资源利用课程设计报告 [EB/OL].(2016–5–16) [2018–08–12] https://wenku.baidu.com/view/43f855bd7fd5360cbb1adb23.html.

[8] 河海大学,水资源规划利用课程设计 [EB/OL].(2016–7–25) [2018–02–15] https://wenku.baidu.com/view/43f855bd7fd5360cbb1adb23.html.

第 5 章 给水管网课程设计

5.1 给水管网课程设计教学大纲

学分 / 学时：1.5 学分 /1.5 周

课程类型：独立设置实践环节

考核方式：考查

开课学期：秋季学期（大三第一学期）

先修课程：高等代数，水力学，水泵与水泵站

后续课程：水质工程学

5.1.1 课程性质与教学目标

1）课程性质

"给水管网课程设计"是给排水管道系统课程的重要实践性环节，在水务工程专业培养计划中独立设置，是学生在校期间一次较全面的工程师能力训练，在实现学生总体培养目标中占有重要地位。

2）教学目标

通过课程设计实践培养学生正确的设计思想，综合水力学、水泵与水泵站、工程制图、给水排水 CAD 等先修课程，分析和完成城市给水管网设计与分析的综合能力任务，加深理解所学知识，培养综合分析和解决实际管网工程设计问题的初步能力，使学生在设计、运算、绘图、查阅资料和使用设计手册、设计规范等基本技能上得到初步训练和提高。

5.1.2 选题原则

选题原则：贴近课程、贴近专业、贴近实际。

题目难度、深度、广度：比较多地反映了理论课程的教学内容，是生产实践当中具有代表性、典型性的要求，使学生能够受到本课程知识范围内较全面的技能训练。

5.1.3 课程设计内容

1）设计题目

A 镇给水管网课程设计。

2）设计内容

城市用水量计算，管线布设，管网平差计算，管网校核。

3）设计步骤

（1）给水管网定线。

（2）用水量计算。

（3）管网平差计算。

（4）管网校核。

（5）附属设施布设与统计。

4）设计组织方法

每组成员 4 人，每组设组长一名，负责该组设计工作的协调、分工等。

5.1.4 课程设计时间进程

课程设计时间为 1.5 周。

（1）给水管网设计计算（7 天）。

① 管道定线，最高日最高时给水水量计算（1 天）。

② 管网平差计算（2 天）。

③ 管网校核计算（2 天）。

④ 图纸绘制（2 天）。

（2）整理课程设计计算书（1 天）。

5.1.5 课程设计的教学方法

"给水管网课程设计"开始时，教师提供给学生《课程设计任务书》和《课程设计指导书》，并通过课堂教学对任务书与指导书进行讲解说明。在课程设计过程中，以学生主动提出问题为主，中期检查设计进度，同时以现场指导、网络在线答疑等方式共同实施课程设计的教学。

5.1.6 课程设计成绩的评定方法及评分标准

学生的成绩由三部分组成：平时成绩、计算说明书的考核成绩、设计图纸的考核成绩。平时成绩占总成绩的30%，根据考勤、中期进度检查及答辩情况评分，设计过程中检查学生的基本概念是否清楚，是否按时完成每天的设计任务；计算说明书、设计图纸的考核成绩占总评成绩70%，评分标准是计算说明书内容是否完整、准确以及书写是否工整等，图纸评分标准是设计图纸内容是否完整、正确以及图纸表达是否符合规范等。

5.2 给水管网课程设计任务书

5.2.1 设计任务与要求

1）设计基本资料

（1）比例尺 1 : 1000 的平面图一张：图上标有一定间隔的等高线，具体区域划分如附录图 2-1 所示。坐标系统为地方坐标系统，高程为 85 黄海高程系统。

（2）人口密度及居民综合生活用水定额如表 5-1 所示。

表5-1 人口密度及居民综合生活用水定额表

设计参数	数 值
人口密度（人 /（$10^4 m^2$））	1 400+ 组号 ×10
最高日综合用水定额（L/（cap·d））	240+ 组号 ×6

注：自来水普及率 f=100%。

浇洒道路和绿地用水量按最高日居民综合生活用水量的 1.5% 计算。

（3）企业生活、生产的用水情况。企业生产用水量（已包括企业内的生活用水）如表 5-2 所示。

表5-2 企业生产用水量表

企业名称	平均日平均时给水量（L/s）	日变化系数	时变化系数
企业1	6+ 组号 ×1.4	1.2	1.2
企业2	7+ 组号 ×1.2	1.3	1.3

（4）气象、水文、地质资料。城镇最高日用水量时变化系数为1.3；该地区年平均温度为13.6 ℃，极端最高温度为38.6 ℃，极端最低温度为 –17 ℃；该地区土壤属黄土类，最大冻土深度68 cm；夏季平均气压93 200 Pa; 全年日照百分率为60%，冬季为63%；夏季室外平均风速为2.6 m/s，冬季室外平均风速为1.7 m/s；小镇相临河流常年洪水位为210 m，常水位为209 m；自来水厂清水池最低水位为204 m；给水管网管顶最小覆土0.7 m。

（5）现有水厂情况。在河段上游，拟建有自来水厂1座，供水流量、水压均可满足要求。

2）设计任务

规划区域内给水管网初步设计（用水量计算、主干管及干管走向定位、管网平差计算、给水干管平面图和剖面图）。

3）设计要求

课程设计分组进行，一组一题，在教师指导下，集中时间、集中地点完成。

（1）设计前熟悉原始资料及总体设计原则。

（2）设计过程中，要求学生认真复习相关的基本概念和原理知识。

（3）课程设计说明书内容完整、计算准确、论述简洁、文理通顺、装订整齐。

（4）课程设计图纸应能较好地表达设计意图，图面布局合理、正确清晰、符合制图标准及有关规定。

（5）在设计过程中应独立思考，在指导教师帮助下完成工作，严禁抄袭。

5.2.2 设计时间进度安排

设计时间为1.5周。

（1）给水管网设计计算（7天）。

①管道定线，最高日最高时给水水量计算（1天）。

②管网平差计算（2天）。

③管网校核计算（2天）。

④图纸绘制（2天）。

（2）整理课程设计计算书（1天）。

5.3　给水管网课程设计指导书

5.3.1　设计成果要求

课程设计结束后，每组提交设计计算说明书一份，设计 CAD 图纸一套（给水管网平面布置图、给水主干管剖面图、最高日最高时平差计算图、消防校核时平差计算图、事故校核时平差计算图）。要求计算说明书撰写思路清晰、图文整洁，CAD 图纸清晰，层次分明。

1）计算说明书内容要求

设计题目：A 镇给水管网新建工程初步设计

封面（指导教师姓名、所在专业班级、姓名、日期）

目录

1　概述

1.1　设计资料

1.2　设计依据

2　给水管网设计

2.1　设计原则

2.2　给水管网定线

2.3　用水量计算

2.4　管网平差计算

2.5　管网校核

2.6　附属设施

2.7　管网材料统计表

3　结论

4　设计感悟

2）设计图纸

按以下顺序装订：封面，目录，平面图，纵断面图，各条件下平差计算图（均用 A3 纸打印）。

5.3.2 设计要点的分析与解决方案

熟悉资料，弄清地形，定义给水管道走向（最原地形图保留一份，后续管位需要定坐标），地形图均用灰色显示。

总给水量计算（街区编号，编号方法按从上到下、从左至右顺序编排，图上量出各街区的用地面积）。然后进行居民最高日综合生活用水量的计算，最后计算城镇最高日最高时用水量，以此作为给水管网计算水量的依据。计算过程中，各地块的面积标注于图纸上，注意掌握日变化系数、时变化系数含义。

节点流量计算（图上量出各管段长度，用管段长度分配流量，流量按城镇最高时设计水量减去企业最高时用水量，然后计算管段流量，以此计算出各节点流量）。

管网平差计算（满足最不利点处，其自由水头满足 28 m）。计算所需水泵的流量、扬程（若用软件，可以算到闭合差为 0；若用手算，环闭合差要小于 0.6 m）。

管网校核计算。消防时校核，依据人口数，查找火灾用水量及火灾次数，加到最高日最高时水量上，以预分配管径校核，自由水头满足 10 m 以上。事故时校核，以 70% 城市最高时用水量校核，各点自由水头 28 m 以上。

给水管网平面图纸（出图比例自行调整即可）需要反映的内容有某一管段定位（以坐标值定位）、管段长度、管径、管内水流方向，管道用粗线，地块线用 8 号色显示。

对于最高时平差计算图、事故时校核平差计算图、火灾时平差计算图，图纸上需要标出各节点的流量、自由水头标高、地面标高、节点总水头标高及管道参数。

5.4 给水管网课程设计案例

5.4.1 最高日最高时用水量计算

根据 CAD 图量取各个地块的面积，得到总地块面积为 38.241×10^4 m²。

居民生活用水量：$Q_1 = \dfrac{294 \times 38.241 \times 1\,490 \times 100\%}{1\,000} \approx 16\,751.852$ m³/d

工业生产用水量和生活淋浴用水：

$Q_2 = (18.6 \times 1.2 + 17.8 \times 1.3) \times 24 \times 3\,600 \div 1\,000 = 3\,927.744$ m³/d

浇洒道路和绿地用水：$Q_3 = 1.5\% \times Q_1 = 251.278 \ \text{m}^3/\text{d}$

未预见水量和管网漏失水量：

$Q_4 = 0.2 \times (Q_1 + Q_2 + Q_3) = 0.2 \times 20\,930.874 \approx 4\,186.175 \ \text{m}^3/\text{d}$

故 $Q_{总} = 16\,751.852 + 3\,927.744 + 251.278 + 4\,186.175 = 25\,117.049 \ \text{m}^3/\text{d}$

得到最高日最高时流量：$Q_h = \dfrac{Q_{总} \times 1.3}{24} \approx 1\,360.507 \ \text{m}^3/\text{h} \approx 377.919 \ \text{L/s}$

5.4.2　管网布设

地势情况：地势由北偏东方向向西南方向逐渐降低。

管网布设情况：按照城市平面图将其分为六个环，从上到下、从左到右依次进行编号。给水管网布设及节点编号等详见附录图 2-1 及附录图 2-2。

河流情况：自来水取水点位于河流上游。

5.4.3　比流量计算

根据表 5-2 中的数据，计算得到企业 1 的集中流量为 $q_{n1} = (6 + 9 \times 1.4) \times 1.2 \times 1.2 = 26.784 \ \text{L/s}$，企业 2 的集中流量为 $q_{n2} = 17.8 \times 1.3 \times 1.3 = 30.082 \ \text{L/s}$。

所以，集中流量为 $q_n = 56.866 \ \text{L/s}$。

比流量的计算：

比流量 =（最高日最高时流量 – 集中流量）/ 管段配水长度，计算得

$$q_1 = \frac{Q_h - \sum q_{ni}}{\sum l_{mi}} = 0.082\,21 \ \text{L/s}$$

5.4.4　节点流量计算

根据管段沿线流量 = 管段配水长度 × 比流量，节点设计流量 = 集中流量 + 与之相连管段沿线流量和的一半，节点设计流量 = 集中流量 + 沿线流量 + 供水流量，得到结果如表 5-3 所示。

表5-3　节点流量计算表

管段或节点编号	管段配水长度 (m)	管段沿线流量 (L/s)	节点设计流量 (L/s)			节点设计流量 (L/s)
			集中流量	沿线流量	供水流量	
1	166.59	13.70	—	10.676	—	10.676
2	120.04	9.87	—	11.782	—	19.337

管段或节点编号	管段配水长度 (m)	管段沿线流量 (L/s)	节点设计流量 (L/s)			节点设计流量 (L/s)
			集中流量	沿线流量	供水流量	
3	93.13	7.66	—	12.477	—	12.477
4	183.79	15.11	—	27.308	—	27.308
5	183.51	15.09	—	49.169		49.169
6	370.68	30.47	26.784	33.786	—	60.570
7	238.76	19.63	—	29.693	—	29.693
8	200.53	16.49	—	52.384	—	52.384
9	402.95	33.13	30.082	35.669	—	65.751
10	399.68	32.86	—	13.257	—	13.257
11	403.43	33.17	—	22.839	—	22.839
12	236.10	19.41	—	14.452	—	14.462
13	118.42	9.74	—	—	377.919	−377.919
14	231.91	19.07	—	—	—	—
15	231.98	19.07	—	—	—	—
16	204.10	16.78	—	—	—	—
17	119.61	9.83	—	—	—	—
18	0.00	0.00	—	—	—	—
合计	3 905.21	321.08	56.866	313.492	377.919	0.004

5.4.5 管道内流量初步分配

根据节点流量平衡方程，进行管段内流量的分配，结果如表5-4所示。

表5-4 管内流量分配表

节点或管段编号	节点设计流量（L/s）	管内流量（L/s）
1	10.676	193.622

节点或管段编号	节点设计流量（L/s）	管内流量（L/s）
2	19.337	97.143
3	12.477	173.622
4	27.308	77.143
5	49.169	84.666
6	60.570	83.157
7	29.693	65.566
8	52.384	63.157
9	65.751	45.566
10	13.257	89.662
11	22.839	26.732
12	14.462	9.957
13	−377.919	6.732
14	—	9.957
15	—	33.868
16	—	6.525
17	—	19.407
18		377.919

5.4.6 管径初步确定

根据管径与设计流量的关系：

$$D = \sqrt{\frac{4Q}{\pi v}} \tag{5-1}$$

式中：

　　D ——管段直径，m；

　　Q ——管段设计流量，m³/s；

π——管段过水断面面积，m^2；

v——设计流速，m/s。

通过计算得到管径，再根据平均经济流速和管径的关系初步选择合适的设计管径，结果如表5-5所示。

表5-5 管径及管段水头损失计算表

管段编号	Q（L/s）	经济流速（m/s）	$4q/$（3.141v）	计算管径（m）	设计管径（mm）	管长（m）	H_f（m）
1	193.622	1.000	0.247	0.497	500	333.17	0.604
2	97.143	0.800	0.155	0.393	400	240.07	0.360
3	173.622	1.000	0.221	0.470	500	186.25	0.276
4	77.143	0.800	0.123	0.350	400	183.79	0.180
5	84.666	0.800	0.135	0.367	400	183.51	0.213
6	83.157	0.800	0.132	0.364	400	370.68	0.417
7	65.566	0.800	0.104	0.323	300	238.76	0.701
8	63.157	0.800	0.101	0.317	300	401.05	1.099
9	45.566	0.800	0.073	0.269	300	402.95	0.603
10	89.662	0.800	0.143	0.378	400	399.68	0.516
11	26.732	0.800	0.043	0.206	200	403.43	1.621
12	9.957	0.800	0.016	0.126	200	236.10	0.152
13	6.732	0.600	0.014	0.120	200	236.84	0.074
14	9.957	0.800	0.016	0.126	200	231.91	0.150
15	33.868	0.800	0.054	0.232	200	231.98	1.445
16	6.525	0.600	0.014	0.118	200	408.20	0.120
17	19.407	0.600	0.041	0.203	200	239.22	0.531
18	264.543	1.000	0.337	0.580	600	76	0.028

5.4.7 管段水头损失计算

根据海曾－威廉公式：

$$h_f = \frac{10.67 q^{1.852} L}{C_w^{1.852} \times D^{4.87}}$$

（5-2）

式中：

C_w——取 130，不计局部水头损失；

L——管段长度（m）；

其余符号同上。

计算得到每根管段的压降，结果如表 5-5 所示。

5.4.8 管网平差计算

根据哈代－克罗斯公式：

$$\Delta q = -\frac{\Delta h}{n \sum \left| \dfrac{h_j}{q_i} \right|}$$

（5-3）

式中：

Δq——环校正流量，m^3/s；

Δh——环闭合差，m；

n——海曾－威廉系数；

h_j——j 管段水头损失，m；

q_j——j 管段流量，m^3/s。

经过一次平差计算，各环水头闭合差均小于 0.5 m，结果如表 5-6 所示。

表5-6 哈代-克罗斯法平差计算表

管段参数				流量初分配			第一次平差		
管段编号	摩阻 s	管长 (m)	管径 (mm)	Q(L/s)	h(m)	$sq^{0.852}$	Q(L/s)	h(m)	$sq^{0.852}$
-15	105.928	231.98	300	-33.868	-0.201	5.921	-27.638	-0.138	4.949
-12	776.643	236.1	200	-9.957	-0.152	15.298	-2.762	-0.014	5.13
14	762.86	231.91	200	9.957	0.15	15.026	6.853	0.075	10.93
-17	786.906	239.22	200	-19.407	-0.531	27.369	-13.177	-0.259	19.679
				Σ	-0.734	63.614	Σ	-0.336	40.718
					Δq=6.23			Δq=4.458	
-14	762.86	231.91	200	-9.957	-0.15	15.026	-6.853	-0.075	10.93
-11	1 327.069	403.43	200	-26.732	-1.621	60.635	-7.865	-0.168	21.381
13	779.077	236.84	200	6.732	0.074	10.994	16.066	0.371	23.069
-16	1 342.76	408.2	200	6.525	-0.12	18.451	2.809	-0.025	8.999
				Σ	-1.817	105.107	Σ	0.102	64.379
					Δq=9.334			Δq=-0.858	

管段参数				流量初分配			第一次平差		
管段编号	摩阻 s	管长（m）	管径（mm）	Q（L/s）	h（m）	$sq^{0.852}$	Q（L/s）	h（m）	$sq^{0.852}$
-10	44.96	399.68	400	-89.662	-0.516	5.76	-90.627	-0.527	5.813
-7	26.858	238.76	400	-65.566	-0.173	2.636	-77.148	-0.234	3.027
9	183.998	402.95	300	45.566	0.603	13.243	54.134	0.83	15.337
12	776.643	236.1	200	9.957	0.152	15.298	2.762	0.014	5.13
				Σ	0.066	36.936	Σ	0.084	29.307
				$\Delta q=-0.965$			$\Delta q=-1.548$		
-9	183.998	402.95	300	-45.566	-0.603	13.243	-54.134	-0.083	15.337
-6	41.697	370.68	400	-83.157	-0.417	5.01	-96.767	-0.552	5.701
8	183.13	401.05	300	63.157	1.099	17.407	53.625	0.812	15.142
11	1 327.069	403.43	200	26.732	1.621	60.635	7.865	0.168	21.381
				Σ	1.7	96.295	Σ	-0.402	57.561
				$\Delta q=9.532$			$\Delta q=3.769$		

管段参数				流量初分配			第一次平差		
管段编号	摩阻 s	管长（m）	管径（mm）	Q（L/s）	h（m）	$sq^{0.852}$	Q（L/s）	h（m）	$sq^{0.852}$
-5	20.643	183.51	400	-84.666	-0.213	2.519	-74.049	-0.166	2.247
-2	27.005	240.07	400	-97.143	-0.36	3.704	-86.526	-0.29	3.357
4	20.674	183.79	400	77.143	0.18	2.33	83.683	0.209	2.498
7	26.858	238.76	400	65.566	0.173	2.636	77.148	0.234	3.027
				Σ	-0.22	11.189	Σ	-0.014	11.129
				$\Delta q=10.617$			$\Delta q=0.692$		
-4	20.674	183.79	400	-77.143	-0.18	2.33	-83.683	-0.209	2.498
-1	12.642	333.17	500	-193.622	-0.604	3.121	-189.545	-0.581	3.065
3	7.067	186.25	500	173.622	0.276	1.59	177.699	0.288	1.622
6	41.697	370.68	400	83.157	0.417	5.01	96.767	0.552	5.701
				Σ	-0.091	12.051	Σ	0.05	12.885
				$\Delta q=4.077$			$\Delta q=-2.090$		

为保证最不利点的自由水头为28m，推算各个节点的自由水头，结果如表5-7所示。

表5-7　最高日最高时各节点自由水头

节点编号	节点高程（m）	管段压降（m）	自由水头（m）
1	213.80	0.581	32.452
2	215.65	0.290	30.021
3	216.75	0.288	28.631
4	213.75	0.209	31.998
5	215.60	0.166	29.596
6	216.70	0.552	28.415
7	213.00	0.234	31.534
8	215.40	0.812	28.966
9	216.65	0.830	28.038
10	212.30	0.527	31.966
11	215.20	0.168	29.091
12	216.55	0.014	28.000
13	214.30	0.371	31.980

所需水泵扬程为（214.30+31.98-204）×1.1=46.51m，流量为1360.5068 m³/h，故选择水泵泵型为300S58A，泵数2台，该泵流量为720 m³/h，扬程为49m，2用1备。

5.4.9　设计校核

1）消防校核

人口数为38.241×1490=56979人，因为50000<56979<100000，查表得同时发生火灾次数为2次，每次消防用水量为35 L/s，所以此时最高日最高时用水量=377.919+70=447.919 L/s。

将发生火灾的地方一处放在最不利点，即节点12处，另一处安排在企业1的地方，即节点6处，加上原始的节点流量作为集中流量，重新分配管段内流量，按照上述选择的设计管径重新计算 h_f 值及 s 值，进行平差计算，发现第一次平差后各环闭合差均符合要求，结果如表5-8所示。

表5-8　消防校核时平差计算表

管段编号	管段参数			流量初分配			第一次平差		
	摩阻 s	管长（m）	管径（mm）	Q（L/s）	h（m）	$sq^{0.852}$	Q（L/s）	h（m）	$sq^{0.852}$
-15	105.928	231.98	300	-41.99	-0.299	7.111	-40.315	-0.277	6.869
-12	776.643	236.1	200	-18.079	-0.46	25.429	-8.307	-0.109	13.11
14	762.86	231.91	200	18.079	0.452	24.978	17.291	0.416	24.047
-17	786.906	239.22	200	7.465	0.091	12.127	-9.14	-0.132	14.409
				Σ	-0.216	69.645	Σ	-0.102	58.435
					Δq=1.675			Δq=0.94	
-14	762.86	231.91	200	-18.079	-0.452	24.978	-17.291	-0.416	24.047
-11	1 327.069	403.43	200	-25.482	-1.483	58.211	-15.068	-0.561	37.204
13	779.077	236.84	200	25.482	0.871	34.174	27.945	1.033	36.968
-16	1 342.76	408.2	200	12.225	0.385	31.502	14.688	-0.541	36.834
				Σ	-0.679	148.864	Σ	-0.484	135.053
					Δq=2.463			Δq=1.936	
-10	44.96	399.68	400	-89.662	-0.516	5.76	-97.759	-0.606	6.201

管段参数				流量初分配			第一次平差		
管段编号	摩阻 s	管长 (m)	管径 (mm)	Q (L/s)	h (m)	sq^{0.852}	Q (L/s)	h (m)	sq^{0.852}
-7	26.858	238.76	400	-83.066	-0.268	3.224	-101.783	-0.39	3.834
9	183.998	402.95	300	63.066	1.102	17.468	62.92	1.097	17.433
12	776.643	236.1	200	18.079	0.46	25.429	8.307	0.109	13.11
				Σ	0.778	51.882	Σ	0.209	40.578
				$\Delta q=-8.097$			$\Delta q=-2.787$		
-9	183.998	402.95	300	-63.066	-1.102	17.468	-62.92	-1.097	17.433
-6	41.697	370.68	400	-100.657	-0.593	5.896	-112.584	-0.73	6.468
8	183.13	401.05	300	80.857	1.729	21.44	72.706	1.427	19.625
11	1 327.069	403.43	200	25.482	1.483	58.211	15.068	0.561	37.204
				Σ	1.517	103.014	Σ	0.16	80.748
				$\Delta q=-7.951$			$\Delta q=-1.072$		
-5	20.643	183.51	400	-102.166	-0.302	2.956	-91.546	-0.246	2.692
-2	27.005	240.07	400	-114.643	-0.489	4.266	-104.023	-0.408	3.927

续 表

管段编号	管段参数			流量初分配			第一次平差		
	摩阻 s	管长（m）	管径（mm）	Q（L/s）	h（m）	$sq^{0.852}$	Q（L/s）	h（m）	$sq^{0.852}$
4	20.674	183.79	400	94.643	0.263	2.774	101.287	0.298	2.939
7	26.858	238.76	400	83.066	0.268	3.224	101.783	0.39	3.834
				Σ	-0.26	13.22	Σ	0.033	13.391
					$\Delta q=10.62$			$\Delta q=-1.327$	
-4	20.674	183.79	400	-94.643	-0.263	2.774	-101.287	-0.298	2.939
-1	12.642	333.17	500	-228.622	-0.822	3.596	-224.646	-0.796	3.542
3	7.067	186.25	500	208.622	0.388	1.859	212.598	0.402	1.889
6	41.697	370.68	400	100.657	0.593	5.896	112.584	0.73	6.468
				Σ	-0.104	14.124	Σ	0.038	14.856
					$\Delta q=3.976$			$\Delta q=-1.397$	

按照选择泵型的扬程校核各节点处的自由水头，从节点1开始往后推算，得到各节点自由水头结果如表5-9所示。

表5-9　消防校核时各节点自由水头表

节点编号	节点高程（m）	管段压降（m）	自由水头（m）
1	213.80	0.796	34.606
2	215.65	0.408	31.960
3	216.75	0.402	30.452
4	213.75	0.298	34.254
5	215.60	0.246	31.674
6	216.70	0.730	30.184
7	213.00	0.390	33.577
8	215.40	1.427	30.777
9	216.65	1.097	29.628
10	212.30	0.606	33.244
11	215.20	0.561	30.561
12	216.55	0.109	29.451
13	214.30	1.033	34.245

由该表可知所有节点的自由水头均大于10 m，所以选择的泵满足要求。

2）事故时校核

事故工况各节点流量 = 事故工况供水比例 × 最高时工况各节点流量。

此时，最高日最高时用水量 =377.919×0.7=264.543 L/s，按照事故工况时的节点流量进行管段内流量的分配，计算 h_f，S，重新进行平差，在第一次平差计算之后，各环闭合差均满足要求，结果如表5-10所示。

表5-10 事故的平差计算表

管段参数				流量初分配			第一次平差		
管段编号	摩阻 s	管长（m）	管径（mm）	Q（L/s）	h（m）	$sq^{0.852}$	Q（L/s）	h（m）	$sq^{0.852}$
-15	105.928	231.98	300	-15.082	-0.045	2.972	-13.539	-0.037	2.711
-12	776.643	236.1	200	-5.845	-0.057	9.717	-1.232	-0.003	2.578
14	762.86	231.91	200	5.845	0.056	9.544	6.12	0.061	9.925
-17	786.906	239.22	200	-4.959	-0.042	8.559	-3.416	-0.021	6.23
				Σ	-0.088	30.792	Σ	0	21.444
					$\Delta q=1.543$			$\Delta q=0$	
-14	762.86	231.91	200	-5.845	-0.056	9.544	-6.12	-0.061	9.925
-11	1 327.069	403.43	200	-14.463	-0.52	35.928	-7.12	-0.14	19.643
13	779.077	236.84	200	14.463	0.305	21.092	15.731	0.356	22.658
-16	1 342.76	408.2	200	5.183	0.079	15.164	6.451	-0.118	18.274
				Σ	-0.192	81.729	Σ	0.038	70.501
					$\Delta q=1.268$			$\Delta q=-0.291$	

管段参数				流量初分配			第一次平差		
管段编号	摩阻 s	管长（m）	管径（mm）	Q（L/s）	h（m）	sq^0.852	Q（L/s）	h（m）	sq^0.852
-10	44.96	399.68	400	-55.263	-0.211	3.814	-58.333	-0.233	3.994
-7	26.858	238.76	400	-33.896	-0.051	1.502	-50.119	-0.105	2.096
9	183.998	402.95	300	33.896	0.349	10.292	36.9	0.408	11.064
12	776.643	236.1	200	5.845	0.057	9.717	1.232	0.003	2.578
				Σ	0.144	25.325	Σ	0.073	19.733
					Δq=-3.07			Δq=-2.009	
-9	183.998	402.95	300	-33.896	-0.349	10.292	-36.9	-0.408	11.064
-6	41.697	370.68	400	-49.71	-0.161	3.232	-63.236	-0.251	3.968
8	183.13	401.05	300	49.71	0.706	14.195	43.636	0.554	12.703
11	1 327.069	403.43	200	14.463	0.52	35.928	7.12	0.14	19.643
				Σ	0.716	63.647	Σ	0.035	47.378
					Δq=-6.074			Δq=-0.399	
-5	20.643	183.51	400	-63.766	-0.126	1.978	-50.613	-0.082	1.625

管段参数				流量初分配			第一次平差		
管段编号	摩阻 s	管长（m）	管径（mm）	Q（L/s）	h（m）	sq^0.852	Q（L/s）	h（m）	sq^0.852
-2	27.005	240.07	400	-72.5	-0.209	2.887	-59.314	-0.144	2.434
4	20.674	183.79	400	52.5	0.088	1.679	58.201	0.107	1.833
7	26.858	238.76	400	33.896	0.051	1.502	50.119	0.105	2.096
				Σ	-0.196	8.046	Σ	-0.015	7.989
					$\Delta q=13.153$			$\Delta q=1.011$	
-4	20.674	183.79	400	-52.5	-0.088	1.679	-58.201	-0.107	1.833
-1	12.642	333.17	500	-138.535	-0.325	2.347	-131.084	-0.293	2.239
3	7.067	186.25	500	118.535	0.136	1.149	125.986	0.152	1.21
6	41.697	370.68	400	49.71	0.161	3.232	63.236	0.251	3.968
				Σ	-0.116	8.406	Σ	0.003	9.249
					$\Delta q=7.451$			$\Delta q=-0.186$	

第 5 章　给水管网课程设计

　　重复自由水头校核的程序，推算事故时各节点的自由水头，结果如表5-11所示。

表5-11　事故校核时各节点的自由水头

节点编号	节点高程（m）	管段压降（m）	自由水头（m）
1	213.80	0.293	34.452
2	215.65	0.144	32.309
3	216.75	0.152	31.065
4	213.75	0.107	34.350
5	215.60	0.082	32.249
6	216.70	0.251	31.033
7	213.00	0.105	34.546
8	215.40	0.554	32.041
9	216.65	0.408	30.850
10	212.30	0.233	34.890
11	215.20	0.140	32.180
12	215.55	0.003	31.913
13	214.30	0.356	34.245

　　根据结果得知，所有节点的自由水头均大于28 m，所以校核结果表明该泵的扬程符合要求。

5.4.10　管网附属设施汇总

　　（1）两个消火栓之间的间距为120 m，根据每根管的管长可最终设置的消火栓个数为39个。

　　（2）阀门用来调节管线中的流量或水压，阀门的布置要数量少而调度灵活，主要管线和次要管线交接处的阀门常设在次要管线上。承接消火栓的水管上要安装阀门。最终确定的阀门个数为4个。

　　（3）排气阀宜设置在管线的隆起部位，使管线投产时或检修后通水时，管内空气可经此阀排出，长距离输水管一般随地形起伏敷设，在高处设排气阀。设置的排气阀个数为 2 个。

（4）排泥阀：市政给水管道设计中的规范里规定在管段下凹处及阀门间管段的最低处，一般须设排泥阀，据此确定设置的排泥阀个数为 2 个。

表 5-12 所示为管网附属设施汇总表。

表5-12　管网附属设施汇总表

管网附属设施	个　数
消火栓	39
阀门	4
排气阀	2
排泥阀	2

本章主要参考文献：

[1] 中国市政工程西南设计研究院 . 给水排水设计手册 (第 1 册) : 常用资料 [M]. 北京 : 中国建筑工业出版社 , 2008.

[2] 上海市政工程设计研究院总院（集团）有限公司 . 给水排水设计手册 (第 3 册) : 城镇给水 [M]. 北京 : 中国建筑工业出版社 , 2017.

[3] 严煦世 , 范瑾初 . 给水工程 [M]. 北京 : 中国建筑工业出版社 , 2011.

[4] 上海市建设和交通委员会 . 室外给水设计规范 : GB 50013—2006 [S]. 北京 : 中国计划出版社 , 2006.

[5] 严煦世 , 刘随庆 . 给水排水管网系统（第三版）[M]. 北京 : 中国建筑工业出版社 , 2014.

第 6 章　排水管网课程设计

6.1　排水管网课程设计教学大纲

学分/学时： 1 学分 /1 周

课程类型： 独立设置实践环节

考核方式： 考查

开课学期： 秋季学期（大三第一学期）

先修课程： 高等代数，水力学，水泵与水泵站

后续课程： 水质工程学

适用专业： 水务工程

6.1.1　课程性质与教学目标

1）课程性质

"排水管网课程设计"是给排水管道系统课程的重要实践性环节，在水务工程专业培养计划中独立设置，是学生在校期间一次较全面的工程师能力训练，在实现学生总体培养目标中占有重要地位。

2）教学目标

通过课程设计实践，培养学生正确的设计思想，综合水力学、水泵与水泵站及其他先修课程，分析和解决城市污水管网、雨水管网设计与分析的综合能力问题，加深理解所学知识，培养综合分析和解决实际管网工程设计问题的初步能力，使学生在设计、运算、绘图、查阅资料和使用设计手册、设计规范等基本技能上得到初步训练和提高。

6.1.2　选题原则

选题原则：贴近课程，贴近专业，贴近实际。

题目难度、深度、广度：比较多地反映了理论课程的教学内容，是生产实践中代表性、典型性的要求，使学生能受到本课程知识范围内较全面的技能训练。

6.1.3　课程设计内容

1）设计题目

A 镇污水、雨水管网课程设计

2）设计内容

规划区域内污水管网初步设计（管道定线、各片区污水量计算、管道设计计算、污水管道平面图、污水主干管剖面图）；规划区域内雨水管网初步设计（管道定线、各片区雨水量计算、管道设计计算、雨水管道平面图、雨水主干管剖面图）。

3）设计步骤

（1）划分排水区域及管网定线。

（2）污水量计算。

（3）污水管网水力计算。

（4）雨水分区及雨水量计算。

（5）雨水管网水力计算。

（6）管网材料统计表。

4）设计组织方法

分组：每组成员 4 人，每组设组长一名，负责该组设计工作的协调、分工等。

6.1.4　课程设计时间进程

课程设计时间为 1 周。

（1）污水管网设计计算（2 天）。

① 划分排水区域及管道定线（0.5 天）。

② 各管段污水量计算，管道水力计算（0.5 天）。

③ 图纸绘制（1 天）。

（2）雨水管网设计计算（2 天）。

① 雨水分区及雨水量计算（0.5 天）。

② 雨水管的水力计算（0.5 天）。

③图纸绘制（1 天）。

（3）整理课程设计说明书及图纸（1 天）。

6.1.5　课程设计的教学方法

"排水管网课程设计"开始时，教师提供给学生课程设计任务书和课程设计指导书，并通过课堂教学对任务书与指导书进行讲解说明。在课程设计过程中，以学生主动提出问题为主，中期检查设计进度，同时以现场指导、网络在线答疑等方式共同实施课程设计的教学。

6.1.6　课程设计成绩的评定方法及评分标准

学生的成绩由三部分组成：平时成绩、计算说明书的考核成绩、设计图纸的考核成绩。平时成绩占总成绩的30%，根据考勤、中期进度检查及答辩情况评分，设计过程中检查学生的基本概念是否清楚，是否按时完成每天的设计任务；计算说明书、设计图纸的考核成绩占总评成绩70%，评分标准是计算说明书内容是否完整、准确，书写是否工整等，图纸评分标准是设计图纸内容是否完整、正确，图纸表达是否符合规范等。

6.2　排水管网课程设计任务书

6.2.1　设计任务与要求

1）设计基本资料

（1）比例尺 1∶1000 的平面图一张：图上标有一定间隔的等高线，具体区域划分如附录图 2-2 所示。规划区域内采用雨污分流制排水系统。坐标系统为地方坐标系统，高程为 85 黄海高程系统。

（2）人口密度及居民生活用水、污水定额。

人口密度及居民生活用水、污水定额如表 6-1 所示。

表6-1　人口密度及平均日居民生活污水定额表

设计参数	数　值
人口密度（人/（$10^4 m^2$））	1 400+ 组号 ×20

设计参数	数 值
平均日居民生活污水定额（（L/人·d））	100+ 组号 ×15

注：自来水普及率 f=100%。公共建筑污水不计。

（3）企业生活、生产的用水、污水情况。

企业生产用水量如表 6-2 所示（已包括企业内的生活用水，平均日污水量按平均日给水用水量的 80% 计算）。

表6-2　企业生产用水量表

企业名称	平均日平均时给水量（L/s）	日变化系数	总变化系数
企业 1	8+ 组号 ×0.2	1.3	4- 组号 ×0.1
企业 2	9+ 组号 ×0.15	1.3	2.3

（4）气象、水文、地质资料。

居民综合生活污水的总变化系数由公式或内插法计算；该地区年平均温度为 13.6 ℃，极端最高温度为 38.6 ℃，极端最低温度为 −17 ℃；该地区土壤属黄土类，最大冻土深度为 68 cm；夏季平均气压为 93 200 Pa；全年日照百分率为 60%，冬季为 63%；夏季室外平均风速为 2.6 m/s，冬季室外平均风速为 1.7 m/s。

该地区暴雨强度公式：

$$q = \frac{400 \times (1 + 0.75 \times \lg p)}{(t+7)^{0.65}} \tag{6-1}$$

式中：

q——降雨量，$L(/s \cdot ha)$；

p——降雨重现期，取 1.5；

t——降雨历时，min。

各小区平均径流系数 φ_{av} =0.6，地面集水时间取（5.2+0.5× 组号）min，街道路面面积略去不计。

小镇相临河流常年洪水位 151 m，常水位 150 m。

雨水管网管顶最小覆土 0.7 m，污水管网管顶最小覆土 1.0 m。

（5）现有水厂情况。

在河段上游，已建有自来水厂1座，供水流量、水压均可满足要求。在河段下游，已建有污水处理厂1座。

2）设计任务

（1）规划区域内污水管网初步设计（管道定线、各片区污水量计算、管道设计计算、污水管道平面图、污水主干管剖面图）。

（2）规划区域内雨水管网水力计算（管道定线、各片区雨水量计算、管道设计计算、雨水管道平面图、雨水主干管剖面图）。

3）设计要求

课程设计分组进行，一组一题，在教师指导下，集中时间、集中地点完成。

（1）设计前熟悉原始资料及总体设计原则。

（2）设计过程中，要求学生认真复习相关的基本概念和原理知识。

（3）课程设计说明书内容完整、计算准确、论述简洁、文理通顺、装订整齐。

（4）课程设计图纸应能较好地表达设计意图，图面布局合理、正确清晰、符合制图标准及有关规定。

（5）在设计过程中应独立思考，在指导教师帮助下完成工作，严禁抄袭。

6.2.2　设计时间进度安排

设计时间为1周。

（1）污水管网设计计算（2天）。

① 划分排水区域及管道定线（0.5天）。

② 各管段污水量计算，管道水力计算（0.5天）。

③ 图纸绘制（1天）。

（2）雨水管网设计计算（2天）。

① 雨水分区及雨水量计算（0.5天）。

② 雨水管的水力计算（0.5天）。

③ 图纸绘制（1天）。

（3）整理课程设计计算说明书及设计图纸（1天）。

6.3 排水管网课程设计指导书

6.3.1 设计成果要求

课程设计结束后，每组提交设计计算说明书1份，设计CAD图纸一套（污水管平面布置图，污水主干管剖面图，雨水管平面布置图，雨水主干管剖面图，图幅为A3）。要求设计计算说明书撰写思路清晰、图文整洁，CAD图纸清晰，层次分明。

1）设计计算说明书内容要求

（1）设计题目：A镇给水管网新建工程初步设计。

（2）封面包括的内容有：指导教师姓名、所在专业班级、姓名、日期）。

（3）目录如下所示：

1 设计资料

2 污水管网设计

  2.1 污水管网定线

  2.2 街区编号及面积计算

  2.3 设计管段划分及设计流量计算

  2.4 各管段水力计算

  2.5 污水管网材料统计表

3 雨水管网设计

  3.1 雨水管网定线

  3.2 各管段雨水汇水面积计算

  3.3 设计管段划分及设计流量计算

  3.4 各管段水力计算

  3.5 雨水管网材料统计表

4 设计结论

5 设计感悟（每人就自己主要参与的内容，写一段文字说明，并写明姓名、学号）。

2）设计图纸要求

（1）设计图纸的装订顺序：封面，目录，平面图，纵断面图。

（2）图纸均要用 A3 纸打印。

6.3.2　设计要点的分析与解决方案

1）污水管网设计

（1）熟悉资料，弄清地形，定义排水总干管、排水干管走向及定线。

（2）街区编号方法：按从上到下、从左到右的顺序编排，并在图上量出各街区的用地面积。

（3）划分排水区域时，需弄清汇水区域面积、集中流量、转输流量的含义。污水量的计算中，污水总变化系数采用公式 $K_z = \dfrac{2.7}{Q^{0.11}}$ 计算，Q 为平均日平均时污水量，单位为 L/s。当 $Q \leqslant 5$ L/s 时，$K_z = 2.3$；当 $Q \geqslant 1000$ L/s 时，$K_z = 1.3$。

（4）进行各管段水力计算时，要从管段最远端的开始计算，最远端起点埋深须满足要求。水力计算中，注意管段流量、管段坡度与管道直径的相互关系，运用水力计算表进行计算。另外，要量出各管段的地面标高，计算各管段起终点的管内底标高和水面标高。管道埋深是指管内底至地面的距离。

（5）排水图纸上，平面图需要反映的内容有：汇水方向（均用灰色显示），部分节点定位，管径，长度，坡度，污水检查井的编号，管道内污水走向；剖面图需要反映的内容有：管径，长度，坡度，检查井编号，地面标高，管内底标高，管道埋深等。排水图纸的出图比例可自行调整。

2）雨水管网设计

（1）按实际地形划分排水区域和雨水管定线，量出各地块汇水区域的面积及管道长度，每一设计管段的长度一般在 200 m 内为宜（一般以路口交叉点为管段起始点）。

（2）根据确定参数，求单位面积径流量（单位面积径流量为管内雨水流行时间的函数）。

（3）采用面积叠加法，用单位面积径流量乘以管段总汇水面积得设计流量（若各设计管段的汇水面积增加不均匀，可能会出现下游管段的设计流量小于上一管段的设计流量的情况，此时采用上一管段的设计流量作为下游管段的设计流量）。

（4）求得设计流量后，即可进行水力计算，求管径、管道坡度和流速。

（5）管段长度乘以管道坡度得到该管段起点与终点之间的高差。

（6）根据冰冻情况、雨水管衔接等要求，确定管道埋深。

在本次设计计算中，如有交叉，只考虑雨水管段和污水管段的交叉情况。

6.4 排水管网课程设计案例

6.4.1 污水管网定线

污水管网平面布置及各管段汇水区域如附录图2-3所示。

6.4.2 街区编号及面积计算

各地块编号及面积如表6-3所示。

表6-3 地块面积计算表

地块编号	地块面积 (ha)	地块编号	地块面积 (ha)	地块编号	地块面积 (ha)
1	0.37	14	1.08	27	1.199
2	0.818	15	1.292	28	1.596
3	0.655	16	1.72	29	0.975
4	0.796	17	1.318	30	1.273
5	1.076	18	0.682	31	1.007
6	0.873	19	1.482	32	1.208
7	0.539	20	1.172	33	1.608
8	1.186	21	1.044	34	0.704
9	0.946	22	1.39	35	0.44
10	1.145	23	1.022	36	0.348
11	1.541	24	0.402	37	0.418
12	1.244	25	0.879	38	0.554
13	1.365	26	0.695	39	0.182

6.4.3 管段设计流量计算

该管网有企业 1、企业 2 两个集中流量，分别在节点 8，13 汇入管道，相应的设计流量分别为 22.072 L/s，18.216 L/s，管道 1～2 为主干管的起始管段。

根据：比流量 $q_A = \dfrac{Q_d}{\sum A_i} = \dfrac{154.314}{38.24} \approx 4.035 \text{ L}/(\text{s·hm}^2)$，得出

沿线流量 = 地块面积 × 比流量 =0.182 × 4.035 ≈ 0.734 L/s；

转输流量 = 转输的地块面积 × 比流量 =7.102 L/s；

合计流量 = 流量 + 转输流量 =7.836 L/s。

根据 $K_z = \dfrac{2.7}{Q^{0.11}}$，计算得到总变化系数为 2.152。

所以，沿线流量 = 合计流量 × 总变化系数 =16.870 L/s；

设计流量 = 沿线流量 + 本段流量 + 转输流量 =16.870 L/s。

其余干管设计流量的计算方法同上，得到的结果如表 6-4 所示。

表6-4　污水管段设计流量计算表

管段编号	居民生活污水日平均流量分配						管段设计流量计算				
	本　段				转输流量 (L/s)	合计流量 (L/s)	总变化系数	沿线流量 (L/s)	集中流量 (L/s)		设计流量 (L/s)
	地块编号	地块面积 (ha)	比流量 (L/ha.s)	流　量 (L/s)					本　段	转　输	
1～2	39	0.182	4.035	0.734	7.102	7.836	2.153	16.870			16.870
2～3	34	0.704	4.035	2.841	7.836	10.677	2.081	22.216			22.216
3～4	29	0.975	4.035	3.934	50.490	54.424	1.740	94.671		22.072	116.743
4～5	23	1.022	4.035	4.124	54.424	58.548	1.726	101.030		22.072	123.102
5～6	17	1.318	4.035	5.318	103.849	109.167	1.611	175.900		40.288	216.188
6～7	12	1.244	4.035	5.020	109.167	114.186	1.603	183.080		40.288	223.368
7～27	6	0.873	4.035	3.523	150.792	154.315	1.551	239.357		40.288	279.645

管段编号	居民生活污水日平均流量分配						管段设计流量计算				
	本 段				转输流量(L/s)	合计流量(L/s)	总变化系数	沿线流量(L/s)	集中流量(L/s)		设计流量(L/s)
	地块编号	地块面积(ha)	比流量(L/ha.s)	流 量(L/s)					本 段	转 输	
8 ~ 9					1.622	1.622	2.300	3.731	22.072		25.803
9 ~ 10					10.305	10.305	2.088	21.527		22.072	43.599
10 ~ 11					17.173	17.173	1.975	33.914		22.072	55.986
11 ~ 12					26.885	26.885	1.880	50.539		22.072	72.611
12 ~ 3					39.813	39.813	1.800	71.679		22.072	93.751
13 ~ 14					2.752	2.752	2.300	6.329	18.216		24.545
14 ~ 15					14.240	14.240	2.016	28.706		18.216	46.922
15 ~ 16					23.326	23.326	1.909	44.540		18.216	62.756
16 ~ 17					32.752	32.752	1.839	60.246		18.216	78.462
17 ~ 5					45.301	45.301	1.774	80.408		18.216	98.624
18 ~ 19					3.668	3.668	2.300	8.436			8.436
19 ~ 20					11.754	11.754	2.059	24.201			24.201
20 ~ 21					18.214	18.214	1.962	35.738			35.738
21 ~ 22					26.046	26.046	1.886	49.133			49.133
22 ~ 7					36.606	36.606	1.817	66.515			66.515
23 ~ 24					1.775	1.775	2.300	4.083			4.083
24 ~ 25					3.180	3.180	2.300	7.313			7.313
25 ~ 26					4.866	4.866	2.300	11.192			11.192
26 ~ 1					7.102	7.102	2.176	15.455			15.455

6.4.4 污水管道水力计算

从管段最远端，即节点 23 开始，从上游管段依次向下游管段进行水力计算，计算结果详情如附录 2-3 和附录 2-4 所示。此处取管段 23 ~ 24 进行具体解释：

（1）首先将管段编号、管段长度、设计流量、上下端地面标高等已知数据分别填入表中相应位置。

（2）进行干管 23 ~ 24 管段设计，根据设计流量，管段 23 ~ 24 的流量为 4.083。

地面坡度 $= \dfrac{\Delta h}{L} = 0.005\,014$，若流量不超过 9.19，直接选择最小管径 DN=300 mm，管段坡度要大于地面坡度。查《给水排水设计手册（第 1 册）：常用资料》，用内插法计算出充满度、流速，满足上述最大设计充满度的要求，然后将各数据分别填入表中相应位置。

（3）确定管段起点埋深，设计污水管网管顶最小覆土为 1.0 m，所以确定节点 23 处的上端埋设深度为 1.3 m，同时计算出管内底标高 =216.200–1.300=214.900 m。

根据管径和充满度计算管内水深：h=0.15 × 0.3=0.045 m，得到上端水面标高 = 214.900+0.045=214.945 m。

根据管段坡度和管长得到管段降落量：

下端水面标高 =214.945–0.932=214.013 m；

下端管内底标高 =214.900–0.932=213.968 m；

下端管道埋深 =215.650–213.968=1.682 m。

（4）进行干管 23 ~ 24 管段衔接设计：

管段 23 ~ 24 与管段 24 ~ 25 管径不同，且管段 24 ~ 25 的管径比管段 23 ~ 24 的管段大，所以管段 23 ~ 24 采用管顶平接。则管段 24 ~ 25 的上端管内底标高 = 管段 23 ~ 24 的下端管内底标高 – 管径差，得到 213.868 m。而管段 24 ~ 25 与管段 25 ~ 26 管径相同，所以采用水面平接。则管段 25 ~ 26 的下端水面标高 = 管段 24 ~ 25 的上端水面标高，即为 213.235。

将所得的数据填入表中相应位置，其余干管的计算方式如上。各管段水力计算结果如表 6-5 所示。

表6-5 污水管道水力计算表

管段编号	地面坡度 (‰)	管段长度 (m)	设计流量 (L/s)	管径 (mm)	坡度 (‰)	流速 (m/s)	充满度 h/D	充满度 h(m)	降落量 (m)	地面标高 (m) 上端	地面标高 (m) 下端	水面标高 (m) 上端	水面标高 (m) 下端	管内底标高 (m) 上端	管内底标高 (m) 下端	埋深 (m) 上端	埋深 (m) 下端	衔接方式
0	1	2	3	4	5	6	7	8	9	10	11	12	13	14	15	16	17	18
23~24	5.014	109.69	4.083	300	8.5	0.612	0.151	0.045	0.932	216.2	215.65	214.945	214.013	214.9	213.968	1.3	1.682	
24~25	4.323	127.24	7.3130	300	5.5	0.616	0.223	0.067	0.7	215.65	215.1	213.934	213.235	213.868	213.168	1.782	1.932	水面平接
25~26	5.583	152.25	11.192	300	6	0.718	0.27	0.081	0.914	215.1	214.25	213.235	212.321	213.153	212.24	1.947	2.01	水面平接
26~1	8.165	55.11	15.455	300	9	0.916	0.288	0.086	0.496	214.25	213.8	212.321	211.825	212.235	211.739	2.015	2.061	水面平接
1~2	0.877	57.03	16.87	300	3	0.632	0.404	0.121	0.171	213.8	213.75	211.825	211.654	211.704	211.533	2.096	2.217	水面平接
2~3	0.371	134.94	22.216	300	3	0.677	0.471	0.141	0.405	213.75	213.7	211.654	211.249	211.513	211.108	2.237	2.592	水面平接
3~4	2.966	134.87	116.743	500	3	1.028	0.563	0.282	0.405	213.7	213.3	211.189	210.785	210.908	210.503	2.792	2.797	管顶平接
4~5	0.863	115.86	123.102	500	2	0.884	0.668	0.334	0.232	213.3	213.2	210.785	210.553	210.451	210.219	2.849	2.981	水面平接
5~6	1.322	151.25	216.188	600	3	1.187	0.612	0.367	0.454	213.2	212.9	210.486	210.032	210.119	209.665	3.081	3.235	管顶平接

续 表

管段编号	地面坡度(‰)	管段长度(m)	设计流量(L/s)	管径(mm)	坡度(‰)	流速(m/s)	充满度 h/D	充满度 h(m)	降落量(m)	地面标高(m) 上端	地面标高(m) 下端	水面标高(m) 上端	水面标高(m) 下端	管内底标高(m) 上端	管内底标高(m) 下端	埋深(m) 上端	埋深(m) 下端	衔接方式
6~7	3.296	136.53	223.368	600	4	1.346	0.57	0.342	0.546	212.9	212.45	210.032	209.486	209.69	209.144	3.21	3.306	水面平接
7~27	1.69	88.78	279.645	600	4	1.407	0.662	0.397	0.355	212.45	212.3	209.486	209.131	209.089	208.734	3.361	3.565	水面平接
8~9	5.181	125.47	25.803	300	6	0.911	0.421	0.126	0.753	216.75	216.1	215.576	214.823	215.45	214.697	1.3	1.403	
9~10	5.01	109.77	43.599	400	6	1.03	0.369	0.148	0.659	216.1	215.55	214.745	214.086	214.597	213.939	1.503	1.611	管顶平接
10~11	3.773	127.22	55.986	400	4.5	0.997	0.459	0.184	0.572	215.55	215.02	214.086	213.514	213.903	213.33	1.647	1.69	水面平接
11~12	4.732	152.15	72.611	400	5	1.104	0.518	0.207	0.761	215.02	214.3	213.514	212.753	213.306	212.546	1.714	1.754	水面平接
12~3	6.511	92.15	93.751	400	7	1.336	0.546	0.218	0.645	214.3	213.7	212.753	212.108	212.535	211.899	1.765	1.811	水面平接
13~14	4.542	125.49	24.545	300	5	0.841	0.431	0.129	0.627	216.65	216.08	215.479	214.852	215.35	214.723	1.3	1.357	
14~15	5.283	109.79	46.922	400	6	1.066	0.391	0.156	0.659	216.08	215.5	214.779	214.12	214.623	213.964	1.457	1.536	管顶平接
15~16	4.716	127.23	62.756	400	5	1.065	0.475	0.19	0.636	215.5	214.9	214.12	213.484	213.93	213.294	1.57	1.606	水面平接

管段编号	地面坡度 (‰)	管段长度 (m)	设计流量 (L/s)	管径 (mm)	坡度 (‰)	流速 (m/s)	充满度 h/D	充满度 h (m)	降落量 (m)	地面标高 (m) 上端	地面标高 (m) 下端	水面标高 (m) 上端	水面标高 (m) 下端	管内底标高 (m) 上端	管内底标高 (m) 下端	埋深 (m) 上端	埋深 (m) 下端	衔接方式
16~17	4.907	152.84	78.462	400	5	1.124	0.543	0.217	0.764	214.9	214.15	213.484	212.72	213.267	212.503	1.633	1.647	水面平接
17~5	7.847	121.07	98.624	400	8	1.421	0.541	0.216	0.969	214.15	213.2	212.72	211.751	212.504	211.535	1.646	1.665	水面平接
18~19	6.378	125.43	8.436	300	7	0.695	0.225	0.068	0.878	216.650	215.850	215.418	214.539	215.350	214.472	1.300	1.378	
19~20	5.012	109.73	24.200	300	6	0.897	0.407	0.122	0.658	215.850	245.300	214.539	213.881	214.417	213.759	1.433	1.541	水面平接
20~21	3.454	127.17	35.738	400	4	0.844	0.370	0.148	0.509	215.300	214.550	213.806	213.298	213.659	213.150	1.641	1.400	管顶平接
21~22	6.871	152.81	49.133	400	7	1.100	0.401	0.160	1.070	214.550	213.500	213.298	212.228	213.137	212.068	1.413	1.432	水面平接
22~7	8.083	129.91	66.515	400	8.5	1.312	0.423	0.169	1.104	213.500	212.450	212.228	211.124	212.059	210.955	1.441	1.495	水面平接

6.4.5 污水管网检查井统计表

各管段污水检查井个数及汇总如表6-6所示。

表6-6 污水检查井统计表

序 号	管段编号	污水检查井个数	序 号	管段编号	污水检查井个数
1	23～24	3	15	11～12	5
2	24～25	4	16	12～3	3
3	25～26	4	17	13～14	4
4	26～1	2	18	14～15	3
5	1～2	1	19	15～16	4
6	2～3	4	20	16～17	5
7	3～4	5	21	17～5	4
8	4～5	4	22	18～19	4
9	5～6	4	23	19～20	3
10	6～7	4	24	20～21	4
11	7～27		25	21～22	5
12	8～9		26	22～7	4
13	9～10	3	27	合计	98
14	10～11	4			

6.4.6 雨水管网定线

雨水管网平面布置及各管段汇水区域如附录图2-4所示。

6.4.7 各管段雨水汇水面积计算

各管段雨水汇水地块及汇水面积如表6-7所示。

表6-7 管段汇水面积计算表

管段编号	汇水地块编号	汇水面积（hm²）	管段编号	汇水地块编号	汇水面积（hm²）
1～2	41	0.834	21～22	18, 19, 20, 21	4.38
2～3	35, 41	1.274	22～23	18, 19, 20, 21, 22	5.77
3～4	35, 36, 41	1.622	23～29	18, 19, 20, 21, 22, 23, 24, 25, 26, 27, 28, 29, 30, 31, 32, 33, 34, 35, 36, 37, 38, 39, 41	21.114
4～5	35, 36, 37, 41	2.04	24～25	40	0.622
5～6	35, 36, 37, 38, 41	2.594	25～26	40, 13	1.427 2
6～11	35, 36, 37, 38, 39, 41	2.776	26～27	40, 13, 14	2.507 2
7～8	30	1.273	27～28	40, 13, 14, 15	3.799 2
8～9	30, 31	2.28	28～29	40, 13, 14, 15, 16	5.519 2
9～10	30, 31, 32	3.488	29～35	40, 13, 14, 15, 16, 17, 18, 19, 20, 21, 22, 23, 24, 25, 26, 27, 28, 29, 30, 31, 32, 33, 34, 35, 36, 37, 38, 39, 41	27.951 2
10～11	30, 31, 32, 33	5.096	30～31	7	0.539
11～17	30, 31, 32, 33, 34, 35, 36, 37, 38, 39, 41	8.576	31～32	7, 8	1.725
12～13	24	0.402	32～33	7, 8, 9	2.671
13～14	24, 25	1.281	33～34	7, 8, 9, 10	3.816
14～15	24, 25, 26	1.976	34～35	7, 8, 9, 10, 11	5.357

续 表

管段编号	汇水地块编号	汇水面积（hm²）	管段编号	汇水地块编号	汇水面积（hm²）
15 ~ 16	24，25，26，27	3.175	35 ~ 41	7，8，9，10，11，12，40，13，14，15，16，17，18，19，20，21，22，23，24，25，26，27，28，29，30，31，32，33，34，35，36，37，38，39，41	34.552 2
16 ~ 17	24，25，26，27，28	4.771	36 ~ 37	1	0.37
17 ~ 42	24，25，26，27，28，29，30，31，32，33，34，35，36，37，38，39，41	14.322	37 ~ 38	1，2	1.188
42 ~ 23	24，25，26，27，28，29，30，31，32，33，34，35，36，37，38，39，41	14.322	38 ~ 39	1，2，3	1.843
18 ~ 19	18	0.682	39 ~ 40	1，2，3，4	2.639
19 ~ 20	18，19	2.164	40 ~ 41	1，2，3，4，5	3.715
20 ~ 21	18，19，20	3.336	41 ~ 河流	全部地块	39.140 2

6.4.8　各管段设计流量计算

1）选取管径

由 CAD 图量取各个管段的管段长度，各个管段的汇水面积如表 6-7 所示。雨水管道最小管径为 300 mm，小流量用小管径，依据汇水面积适当增大管径。

2）水力坡度计算

水力坡度公式

$$i = \frac{\Delta h}{L} \qquad （6-2）$$

式中：

i ——管道水力坡度；

Δh ——管道上下端高度差，m；

L ——管道长度，m。

计算各个管段的地面坡度，如管段 1 ~ 2，地面坡度 =（216.780-216.220）× 1000/125.530=4.461‰，水力坡度按略大于地面坡度选取为 4.500‰，其余管段的水力坡度选取方式相同。

3）流速

查满管流水力计算表，得到各管段流速。

4）管段设计流量

公式

$$Q = \varphi q F \qquad （6-3）$$

式中：

Q ——计算汇水面积的设计最大径流量，L / s；

q ——雨锋时段内的平均设计暴雨强度，L /（s.hm²）；

φ ——径流系数；

F ——计算汇水面积，hm²。

单位面积径流量：

$$q_2 = \varphi \times q \qquad （6-4）$$

A 镇暴雨强度公式：

$$q = \frac{400 \times (1 + 0.75 \times \lg P)}{(t+7)^{0.65}} \quad \text{L/(s · hm}^2)$$

注：$P = 1.5a$。

集水时间 t 由地面集水时间 t_1 和雨水管道中流到该设计断面所需的流行时间 t_2 组成，用下式表示：

$$t = t_1 + mt_2 \qquad （6-5）$$

$$t_2 = \sum \frac{L_i}{60v_i} \qquad （6-6）$$

式中：

m——折减系数，取 $m=1$；

L_i——设计断面上游各管道的长度，m；

v_i——上游各管道中的设计流速，m/s。

各小区平均径流系数 $\varphi_{av} = 0.6$，地面集水时间 t_1 为 9.7 min，街道面积略去。

（1）管段 1～2 为起始管段，所以雨水流行时间 $t_2 = \sum \dfrac{L_i}{60v_i} = 0$ min

因此，单位面积径流量：

$$q_2 = \varphi \times q = 0.6 \times \frac{400 \times (1 + 0.75\lg 1.5)}{(9.7 + 0 + 7)^{0.65}} \approx 43.582 \left(L/(s/hm^2) \right)$$

设计流量 $Q = \varphi q F = 0.6 \times \dfrac{400 \times (1 + 0.75\lg 1.5)}{(9.7 + 0 + 7)^{0.65}} \times 0.834 \approx 36.348 (L/s)$

选择合适管道水力坡度和管径，使得管道输水能力 $Q' >$ 设计流量 Q，则所选管径及参数符合设计要求。

（2）管段 2～3 内雨水流行时间 $t_2 = \sum \dfrac{L_i}{60v_i} = \dfrac{125.53}{60 \times 0.918} \approx 2.279 \,(\text{min})$

因此，单位面积径流量：

$$q_2 = \varphi \times q = 0.6 \times \frac{400 \times (1 + 0.75\lg 1.5)}{(9.7 + 2.279 + 7)^{0.65}} \approx 40.106 \left(L/(s/hm^2) \right)$$

设计流量 $Q = \varphi q F = 0.6 \times \dfrac{400 \times (1 + 0.75\lg 1.5)}{(9.7 + 2.279 + 7)^{0.65}} \times 1.274 \approx 51.095 \,(L/s)$

因为管道输水能力 $Q' > Q$，所以所选管径及参数满足参数要求。

其余管段的设计流量计算方法同上，计算结果如表 6-8 所示。

表6-8 雨水管网各管段设计流量计算表

设计管段编号	地面高程 1 (m)	地面高程 2 (m)	管段长度 L (m)	地面坡度 (‰)	汇水面积 (hm²)	管径 (mm)	水力坡度 (‰)	设计流速 (m/s)	管内雨水流行时间 (min) $t_2=\sum L/v$	L/v	单位面积径流量 q_3 [L/(s·hm²)]	设计流量 Q(L/s)	管道输水能力 Q' (L/s)
1 ~ 2	216.780	216.220	125.530	0.004 46	0.834	300	4.5	0.918	0.000	2.279	43.583	36.348	64.890
2 ~ 3	216.220	215.650	109.690	0.005 20	1.274	300	5.2	0.918	2.279	1.991	40.106	51.095	64.890
3 ~ 4	215.650	215.080	127.240	0.004 48	1.622	300	4.5	0.918	4.271	2.310	37.537	60.966	60.890
4 ~ 5	215.080	214.250	152.250	0.005 45	2.040	300	5.5	1.015	6.581	2.500	35.119	71.642	71.750
5 ~ 6	214.250	213.800	55.110	0.008 17	2.594	300	8.2	1.239	9.081	0.741	32.866	85.254	87.580
6 ~ 11	213.800	213.730	57.420	0.001 22	2.776	400	3.0	0.908	9.822	1.054	32.266	89.569	114.100
11 ~ 17	213.730	213.700	134.940	0.000 22	8.576	500	5.5	1.426	10.876	1.577	31.459	269.789	280.000
17 ~ 42	213.700	213.300	134.870	0.002 97	14.322	600	6.0	1.682	12.453	1.336	30.342	434.553	475.570
42 ~ 23	213.300	213.200	115.860	0.000 86	14.322	600	6.0	1.682	13.789	1.148	29.470	422.076	475.570
23 ~ 29	213.200	212.900	151.250	0.001 98	21.114	700	4.5	1.614	14.937	1.562	28.771	607.468	621.130
29 ~ 35	212.900	212.450	136.530	0.003 30	27.951	800	4.0	1.664	16.499	1.367	27.884	779.382	836.410
35 ~ 41	212.450	212.300	105.640	0.001 42	34.552	900	4.0	1.800	17.867	0.978	27.162	938.493	1145.110
41 ~河流	212.300	212.000	39.120	0.007 67	39.140	900	7.7	1.800	18.845	0.362	26.673	1044.002	1145.110

续 表

设计管段编号	地面高程 1 (m)	地面高程 2 (m)	管段长度 L (m)	地面坡度 (‰)	汇水面积 (hm²)	管径 (mm)	水力坡度 (‰)	设计流速 (m/s)	管内雨水流行时间 (min)		单位面积径流量 q_2 [L/(s·hm²)]	设计流量 Q(L/s)	管道输水能力 Q'(L/s)
									$t_2=\sum L/v$	L/v			
7~8	216.250	215.760	109.780	0.004 46	1.273	300	4.5	0.918	0.000	1.993	43.583	55.481	64.890
8~9	215.760	215.060	127.130	0.005 51	2.280	350	5.6	1.135	1.993	1.867	40.503	92.348	109.200
9~10	215.060	214.200	152.970	0.005 62	3.488	400	5.7	1.251	3.860	2.038	38.073	132.800	157.200
10~11	214.200	213.730	65.430	0.007 18	5.096	400	7.7	1.454	5.898	0.750	35.805	182.461	182.710
12~13	216.750	216.100	125.470	0.005 18	0.402	300	5.2	0.987	0.000	2.119	43.583	17.520	69.770
13~14	216.100	215.550	109.770	0.005 01	1.281	300	5.1	0.977	2.119	1.873	40.327	51.659	69.060
14~15	215.550	215.020	127.160	0.004 17	1.976	350	4.2	0.983	3.991	2.156	37.916	74.922	94.570
15~16	215.020	214.300	152.880	0.004 71	3.175	400	4.8	1.148	6.147	2.220	35.550	112.872	144.260
16~17	214.300	213.700	91.470	0.006 56	4.771	400	6.6	1.346	8.367	1.133	33.471	159.691	169.140
18~19	216.650	216.080	125.490	0.004 54	0.682	300	4.6	0.928	0.000	2.254	43.583	29.724	65.600
19~20	216.080	215.500	109.790	0.005 28	2.164	350	5.3	1.104	2.254	1.657	40.140	86.864	106.220
20~21	215.500	214.900	127.160	0.004 72	3.336	400	4.8	1.148	3.911	1.846	38.012	126.807	144.260
21~22	214.900	214.150	152.950	0.004 90	4.380	400	5.8	1.262	5.757	2.020	35.950	157.462	158.580
22~23	214.150	213.200	121.070	0.007 85	5.770	400	8.9	1.563	7.777	1.291	33.993	196.139	196.410

设计管段编号	地面高程1（m）	地面高程2（m）	管段长度 L（m）	地面坡度（‰）	汇水面积（hm²）	管　径（mm）	水力坡度（‰）	设计流速（m/s）	管内雨水流行时间（min）		单位面积径流量 q_2[L/(s·hm²)]	设计流量 Q(L/s)	管道输水能力 Q'（L/s）
									$t_2=\sum L/v$	L/v			
24～25	216.700	215.870	125.490	0.006 61	0.622	300	6.7	1.120	0.000	1.867	43.583	27.109	79.170
25～26	215.870	215.450	109.790	0.003 83	1.427	300	3.9	0.854	1.867	2.143	40.681	58.060	60.370
26～27	215.450	214.800	127.070	0.005 12	2.507	350	5.2	1.093	4.010	1.938	37.894	95.007	105.160
27～28	214.800	213.930	152.900	0.005 69	3.799	400	5.7	1.251	5.948	2.037	35.753	135.835	157.200
28～29	213.930	212.900	125.750	0.008 19	5.519	400	8.2	1.501	7.985	1.396	33.807	186.587	188.620
30～31	216.650	215.300	125.430	0.006 38	0.539	300	6.4	1.094	0.000	1.911	43.583	23.491	77.330
31～32	215.850	215.300	109.730	0.005 01	1.725	300	5.3	0.996	1.911	1.836	40.520	70.069	70.410
32～33	215.300	214.550	127.170	0.005 90	2.671	350	5.9	1.165	3.747	1.819	38.210	102.058	112.080
33～34	214.550	213.500	152.810	0.006 87	3.816	400	6.9	1.377	5.566	1.850	36.150	137.950	173.030
34～35	213.500	212.450	129.910	0.008 08	5.357	400	8.1	1.492	7.416	1.451	34.323	183.869	187.480
36～37	216.550	215.750	125.430	0.006 38	0.370	300	6.4	1.094	0.000	1.911	43.583	16.126	77.330
37～38	215.750	215.170	109.730	0.005 29	1.188	300	5.3	0.996	1.911	1.836	40.620	48.256	70.410
38～39	215.170	214.450	127.080	0.005 67	1.843	300	5.7	1.033	3.747	2.050	38.210	70.421	73.020

续　表

设计管段编号	地面高程 1 (m)	地面高程 2 (m)	管段长度 L (m)	地面坡度 (‰)	汇水面积 (hm²)	管径 (mm)	水力坡度 (‰)	设计流速 (m/s)	管内雨水流行时间 (min)		单位面积径流量 q_2 [L/(s·hm²)]	设计流量 Q(L/s)	管道输水能力 Q'(L/s)
									$t_2=\sum L/v$	L/v			
39～40	214.450	213.400	152.770	0.006 87	2.639	350	6.9	1.259	5.797	2.022	35.909	94.763	121.130
40～41	213.400	212.300	133.440	0.008	3.715	350	8.3	1.381	7.820	1.610	33.955	126.141	132.870

6.4.9 各管段水力计算

首先，将管段编号、管段长度、设计流量、上下端地面标高等已知数据分别填入表中相应位置。

其次，确定管段起点埋深。因为雨水管网管顶最小覆土为 0.7 m，所以确定节点 1 处的上端埋设深度为 1.0 m，计算得：

起点管内底标高 = 216.780 – 1.000 = 215.780 m。

坡降 = 0.0045 × 125.53 = 0.565 m。

终点管内底标高 = 起点管内底标高 – 坡降 = 215.780 – 0.565 = 215.215 m。

终点埋深 = 终点设计地面标高 – 终点管底内标高 = 216.220 – 215.215 = 1.005 m。

本设计采用管顶平接衔接方式。

将算得的数据填入表中相应位置，其余各管段的埋深计算方式同上。各管段计算结果如表 6-9 所示。

表6-9　雨水管网水力计算表

设计管段编号	管长 L (m)	管内雨水流行时间 (min)		设计流量 (L/s)	管径 D (mm)	水力坡度 S(‰)	流速 v (m/s)	管道输力能力 Q'	坡降 S·L (m)	设计地面标高 (m)		设计管内底标高 (m)		埋深 (m)	
		$t_2=\sum L/v$	L/v							起点	终点	起点	终点	起点	终点
1～2	125.53	0.000	2.279	36.348	300	4.5	0.918	64.890	0.565	216.780	216.220	215.780	215.215	1.000	1.005
2～3	109.69	2.279	1.991	51.095	300	5.2	0.918	64.890	0.570	216.220	215.650	215.215	214.645	1.005	1.005
3～4	127.24	4.271	2.310	60.966	300	4.5	0.918	64.890	0.573	215.650	215.080	214.645	214.072	1.005	1.008
4～5	152.25	6.581	2.500	71.642	300	5.5	1.015	71.750	0.837	215.080	214.250	214.072	213.235	1.008	1.015
5～6	55.11	9.081	0.741	85.254	300	8.2	1.239	87.580	0.452	214.250	213.800	213.235	212.783	1.015	1.017
6～11	57.42	9.822	1.054	89.569	400	3	0.908	114.100	0.172	213.800	213.730	212.683	212.511	1.117	1.219
11～17	134.94	10.876	1.577	269.789	500	5.5	1.426	280.000	0.742	213.730	213.700	212.411	211.668	1.319	2.032
17～42	134.87	12.453	1.336	434.553	600	6	1.682	475.570	0.809	213.700	213.300	211.568	210.759	2.132	2.541
42～23	115.86	13.789	1.148	422.076	600	6	1.682	475.570	0.695	213.300	213.200	210.759	210.064	2.541	3.136
23～29	151.25	14.937	1.562	607.468	700	4.5	1.614	621.130	0.681	213.200	212.900	209.964	209.283	3.236	3.617
29～35	136.53	16.499	1.367	779.382	800	4	1.664	836.410	0.546	212.900	212.450	209.183	208.637	3.717	3.813
35～41	105.64	17.867	0.978	938.493	900	4	1.800	1145.110	0.423	212.450	212.300	208.537	208.115	3.913	4.185

设计管段编号	管长 L (m)	管内雨水流行时间 (min)		设计流量 (L/s)	管径 D (mm)	水力坡度 S (‰)	流速 v (m/s)	管道输力能力 Q'	坡降 S·L (m)	设计地面标高 (m)		设计管内底标高 (m)		埋深 (m)	
		$t_2=\sum L/v$	L/v							起点	终点	起点	终点	起点	终点
41~河流	39.12	18.845	0.362	1044.002	900	7.7	1.800	1145.110	0.301	212.300	212.000	208.115	207.814	4.185	4.186
7~8	109.78	0.000	1.993	55.481	300	4.5	0.918	64.890	0.494	216.250	215.760	215.250	214.756	1.000	1.004
8~9	127.13	1.993	1.867	92.348	350	5.6	1.135	109.200	0.712	215.760	215.060	214.706	213.994	1.054	1.066
9~10	152.97	3.860	2.038	132.800	400	5.7	1.251	157.200	0.872	215.060	214.200	213.944	213.072	1.116	1.128
10~11	65.43	5.898	0.750	182.461	400	7.7	1.454	182.710	0.504	214.200	213.730	213.072	212.568	1.128	1.162
12~13	125.47	0.000	2.119	17.520	300	5.2	0.987	69.770	0.652	216.750	216.100	215.750	215.098	1.000	1.002
13~14	109.77	2.119	1.873	51.659	300	5.1	0.977	69.060	0.560	216.100	215.550	215.098	214.538	1.002	1.012
14~15	127.16	3.991	2.156	74.922	350	4.2	0.983	94.570	0.534	215.550	215.020	214.488	213.954	1.062	1.066
15~16	152.88	6.147	2.220	112.872	400	4.8	1.148	144.260	0.734	215.020	214.300	213.954	213.170	1.116	1.130
16~17	91.47	8.367	1.133	159.691	400	6.6	1.346	169.140	0.604	214.300	213.700	213.170	212.566	1.130	1.134
18~19	125.49	0.000	2.254	29.724	300	4.6	0.928	65.600	0.577	216.650	216.080	215.650	215.073	1.000	1.007
19~20	109.79	2.254	1.657	86.864	350	5.3	1.104	106.220	0.582	216.080	215.500	215.023	214.441	1.057	1.059
20~21	127.16	3.911	1.846	126.807	400	4.8	1.148	144.260	0.610	215.500	214.900	214.391	213.780	1.109	1.120

续　表

设计管段编号	管长 L (m)	管内雨水流行时间 (min)		设计流量 (L/s)	管径 D (mm)	水力坡度 S(‰)	流速 v (m/s)	管道输力能力 Q'	坡降 S·L (m)	设计地面标高 (m)		设计管内底标高 (m)		埋深 (m)	
		$t_2=\sum L/v$	L/v							起点	终点	起点	终点	起点	终点
21～22	152.95	5.757	2.020	157.462	400	5.8	1.262	158.580	0.887	214.900	214.150	213.780	212.893	1.120	1.257
22～23	121.07	7.777	1.291	196.139	400	8.9	1.563	196.410	1.078	214.150	213.200	212.893	211.816	1.257	1.384
24～25	125.49	0.000	1.867	27.109	300	6.7	1.120	79.170	0.841	216.700	215.870	215.700	214.859	1.000	1.011
25～26	109.79	1.867	2.143	58.060	300	3.9	0.854	60.370	0.428	215.870	215.450	214.859	214.431	1.011	1.019
26～27	127.07	4.010	1.938	95.007	350	5.2	1.093	105.160	0.661	215.450	214.800	214.381	213.720	1.069	1.080
27～28	152.9	5.948	2.037	135.835	400	5.7	1.251	157.200	0.872	214.800	213.930	213.670	212.799	1.130	1.131
28～29	125.75	7.985	1.396	186.587	400	8.2	1.501	188.620	1.031	213.930	212.900	212.799	211.768	1.131	1.132
30～31	125.43	0.000	1.911	23.491	300	6.4	1.094	77.330	0.803	216.650	215.850	215.650	214.847	1.000	1.003
31～32	109.73	1.911	1.836	70.069	300	5.3	0.996	70.410	0.582	215.850	215.300	214.847	214.266	1.003	1.034
32～33	127.17	3.747	1.819	102.058	350	5.9	1.165	112.080	0.750	215.300	214.550	214.216	213.465	1.084	1.085
33～34	152.81	5.566	1.850	137.950	400	6.9	1.377	173.030	1.054	214.550	213.500	213.415	212.361	1.135	1.139
34～35	129.91	7.416	1.451	183.869	400	8.1	1.492	187.480	1.052	213.500	212.450	212.361	211.309	1.139	1.141
36～37	125.43	0.000	1.911	16.126	300	6.4	1.094	77.330	0.803	216.550	215.750	215.550	214.747	1.000	1.003

设计管段编号	管长 L (m)	管内雨水流行时间 (min)		设计流量 (L/s)	管径 D (mm)	水力坡度 S(‰)	流速 v (m/s)	管道输水能力 Q'	坡降 S·L (m)	设计地面标高 (m)		设计管内底标高 (m)		埋深 (m)	
		$t_2=\sum L/v$	L/v							起点	终点	起点	终点	起点	终点
37～38	109.73	1.911	1.836	48.256	300	5.3	0.996	70.410	0.582	215.750	215.170	214.747	214.166	1.003	1.004
38～39	127.08	3.747	2.050	70.421	300	5.7	1.033	73.020	0.724	215.170	214.450	214.166	213.441	1.004	1.009
39～40	152.77	5.797	2.022	94.763	350	6.9	1.259	121.130	1.054	214.450	213.400	213.391	212.337	1.059	1.063
40～41	133.44	7.820	1.610	126.141	350	8.3	1.381	132.870	1.108	213.400	212.300	212.337	211.230	1.063	1.070

6.4.10　雨水检查井统计表

雨水管网各管段检查井的个数如表 6-10 所示。

表6-10　雨水管网各管段检查井统计表

序　号	管段编号	雨水检查井个数	序　号	管段编号	雨水检查井个数
1	1～2	4	22	18～19	4
2	2～3	3	23	19～20	3
3	3～4	4	24	20～21	4
4	4～5	5	25	21～22	4
5	5～6	2	26	22～23	3
6	6～11	2	27	24～25	4
7	11～17	3	28	25～26	3
8	17～42	3	29	26～27	4
9	42～23	2	30	27～28	4
10	23～29	3	31	28～29	3
11	29～35	2	32	30～31	3
12	35～41	2	33	31～32	3
13	7～8	3	34	32～33	4
14	8～9	4	35	33～34	4
15	9～10	4	36	34～35	3
16	10～11	2	37	36～37	4
17	12～13	3	38	37～38	3
18	13～14	3	39	38～39	4
19	14～15	4	40	39～40	4
20	15～16	4	41	40～41	4
21	16～17	3	42	合计	137

本章主要参考文献

[1] 中国市政工程西南设计研究院 . 给水排水设计手册（第 1 册）：常用资料 [M].
    第 2 版 . 北京：中国建筑工业出版社，2008.

[2] 北京市市政工程设计研究总院 . 给水排水设计手册（第 5 册）：城镇排水 [M].
    第 3 版 . 北京：中国建筑工业出版社，2017.

[3] 孙慧修 . 排水工程 [M]. 北京：中国建筑工业出版社，2006.

[4] 上海市建设和交通委员会 .GB 50014—2006, 室外排水设计规范 [S].2016 版 . 北京：
    中国计划出版社，2016.

[5] 严煦世，刘随庆 . 给水排水管网系统 [M]. 第 3 版 . 北京：中国建筑工业出版社，
    2014.

第 7 章 给水处理课程设计

7.1 给水处理课程设计教学大纲

学分 / 学时： 1.5 学分 /36 学时

课程类型： 独立设置实践环节

考核方式： 考查

开课学期： 春季学期（大三第二学期）

先修课程： 工程制图、流体力学、水泵与泵站、水分析化学、水质工程学 I

后续课程： 水质工程学 II、污水处理课程设计

7.1.1 课程性质与教学目标

1）课程性质

"给水处理课程设计"是理论课"水质工程学 I"的实际生产设计应用，在水务工程专业培养计划中独立设置，是水务工程专业重要的教学内容和集中性实践环节之一，是学生在校期间一次较全面的工程师设计能力训练，在实现学生总体培养目标中占有重要地位。

2）教学目标

"给水处理课程设计"是水务工程专业重要的教学内容和集中性实践环节之一。该课程设计的任务是使学生在掌握"水质工程学 I"中的混凝、沉淀、过滤、消毒等基本理论知识的基础上，进一步掌握给水厂的絮凝沉淀池、滤池、加药间和加氯间、清水池等一系列水处理工艺设计步骤和设计方法，使学生设计、运算、绘图、查阅资料和使用设计手册、设计规范等基本技能得到初步训练和提高，以便于巩固和拓展所学的专业知识。本课程设计还可以训练学生对工程知识的理解

与应用，掌握工程设计的基本技能，锻炼团队协作与个人沟通能力，提高其设计计算能力、编写说明书的能力和工程图纸的表达能力。总之，本课程设计是对水务工程专业方向的全面检验，进而达到培养应用型人才的目标。

7.1.2 选题的原则

根据"给水处理（净水厂）课程设计"的基本要求，基于"给水设计手册"给定的参数和计算设计方法，设计净水厂的处理流程工艺及总平面布置。选题与生产实际紧密联系，具有代表性和典型性，涵盖了"水质工程学Ⅰ"课程中的基本理论内容，工作量以及难易程度适当。

7.1.3 课程设计内容

设计净水厂的处理流程工艺及总平面布置。主要包括水厂平面的布局、各水处理构筑物不同处理工艺的选择、高程及具体结构尺寸的计算、参数的选择，还包括绘制水厂平面布置图、高程图、絮凝沉淀池平面图、滤池平面图并标明尺寸。最后是编写计算说明书并进行设计答辩。具体要求如下：

（1）培养学生严谨的科学态度、严肃认真的学习和工作作风，树立正确的设计思想，形成科学的研究方法。

（2）培养学生独立工作的能力，包括收集设计资料、综合分析问题、理论计算、数据处理、工程制图、文字表达等。

（3）通过本课程设计，使学生可以得到较为全面的工程设计的初步训练。

（4）掌握给水厂设计的一般程序，学会灵活地处理复杂的工程问题。

（5）学会编写"计算说明书"，按规范和标准绘制有关图纸。

课程设计要求 4～8 人一组，一组一题，在教师指导下，集中时间、集中地点完成。

7.1.4 课程设计时间安排

本课程设计持续 1 周，具体安排如下。

（1）布置任务并进行任务讲解（0.5 天）。

（2）查资料，初步计算和方案选择（0.5 天）。

（3）设计计算（0.5 天）。

（4）水厂设计布局和制图（1.5 天）。

（5）撰写计算说明书（1.5 天）。

（6）成果整理，准备答辩（0.5 天）。

7.1.5 教学方法

"给水处理（净水厂）设计"是水务工程专业的重要实践性环节，是理论课程"水质工程学Ⅰ"的实际工程应用。设计过程以教师给出设计题目和设计内容及要求，学生主动表现和解决问题为主，同时以课堂教学、现场指导、讨论、答疑等环节为辅，以培养学生树立正确的工程设计思想为重点，使其给水处理设计的基本技能得到有效训练，生产实践能力得以提高。

7.1.6 课程设计成绩的评定方法及评分规则

学生的成绩由四部分组成：平时成绩、计算说明书的考核成绩、设计图纸的考核成绩以及答辩成绩。平时成绩占总评成绩的20%，根据考勤、设计过程中的答疑，对学生的基本概念是否清楚，是否按时独立完成每天的设计任务等方面进行检查、评分；计算说明书的考核成绩占总评成绩30%，评分标准是计算说明书内容是否完整、准确，书写是否工整等；设计图纸的考核成绩占总评成绩30%，评分标准是设计图纸内容是否完整、正确，图纸表达是否符合规范等；答辩成绩占总评成绩的20%，评分标准是答辩叙述过程是否熟练、流利，回答问题是否准确、流畅。课程设计的成绩按优秀、良好、中等、及格和不及格五级评定（表7-1）。

表7-1 评分规则表

完成情况	得 分
严格按照课程设计要求并及时完成，设计方案正确、平面图布局合理，高程图水位计算正确、水处理工艺流程选择合理，各水处理构筑物平面图图面整洁，技术要求表达合理，尺寸标注正确，说明书书写规范，计算正确；积极承担任务，具有较强的团队意识，参与度高；答辩思路清晰，能准确回答问题	90～100分
严格按照课程设计要求并及时完成，设计方案较正确、平面图布局较合理，高程图水位计算比较正确、水处理工艺流程选择较合理，各水处理构筑物平面图图面较整洁，技术要求表达较合理，尺寸标注正确，说明书书写较规范，计算较正确；承担任务比较主动，具有一定的团队意识，参与度较高，答辩时能较准确地回答问题	75～90分
基本按照课程设计要求并及时完成，设计方案基本正确、合理，平面图布局基本合理，高程图水位计算基本正确、水处理工艺流程选择基本合理，各水处理筑物平面图图面整洁度一般，技术要求表达基本合理，说明书书写规范程度一般，计算基本正确；能够承担任务，团队意识一般，参与度一般；答辩时回答问题能力一般	60～75分

完成情况	得　分
未能按照课程设计要求及时完成设计任务，设计方案不合理，平面图布局不合理，高程图水位计算不正确、水处理工艺流程选择不合理，各水处理筑物平面图图面马虎，技术要求表达不正确，说明书逻辑不清或书写潦草，计算过程存在明显错误；不主动承担任务，团队意识薄弱，参与度不高；答辩时回答问题能力一般或者发现抄袭	60 分以下

7.2　给水处理课程设计任务书

7.2.1　设计目的

"给水处理课程设计"是水务工程专业重要的教学内容和集中性实践环节之一。该课程的任务是使学生在掌握"水质工程学Ⅰ"基本理论知识的基础上，进一步掌握给水厂水处理工艺设计步骤和设计方法，使学生设计、运算、绘图、查阅资料和使用设计手册、设计规范等基本技能得到初步训练和提高，以便巩固和拓展所学的专业知识。本课程设计还可以训练学生工程设计的基本技能，提高其设计计算能力、编写说明书的能力和工程图纸的绘制能力。总之，本课程设计是对市政给水专业方向学生的全面检验，通过该课程设计可以达到培养应用型人才的目标。

7.2.2　设计任务及要求

1）任务

A 市净水厂工艺设计如下。

工程概况：工程位于福建省某城市，水厂供水规模 $X \times 10^4 \text{m}^3/\text{d}$，自用水量占 5%。该市有一蓄水量较大的水库可作为水源，水库水质为二类地表水，符合生活饮用水水源要求。出厂水质符合一类水质标准。水厂出厂水压为 0.34 MPa，满足最小服务水头 0.25 MPa 的要求。各组按地面高程 0 m 进行净水厂工艺图及总平面布置。

2）要求

课程设计分为 4 人一组，一组一题，在教师指导下，集中时间、集中地点完成。

（1）设计前熟悉原始资料及总体设计原则。

①水厂工艺流程的确定，各类水厂构筑物选型比较。

②水处理混凝剂、助凝剂选择。投加量的确定，消毒剂选择和控制。

③各水工构筑物单体设计、计算（絮凝沉淀池、普通快滤池、清水池）。

④水厂总平面布置和高程布置。

（2）设计过程中，要求学生认真复习相关的基本概念和原理知识。

（3）课程设计说明书内容完整、计算准确、论述简洁、文理通顺、装订整齐。

（4）课程设计图纸应能较好地表达设计意图，图面布局合理、正确清晰、符合制图标准及有关规定。

（5）在设计过程中应独立思考，在指导教师帮助下完成工作，严禁抄袭。

7.2.3　设计时间进度安排

设计时间为1周。

（1）布置任务并进行任务讲解（0.5天）。

（2）查资料，初步计算和方案选择（0.5天）。

（3）设计计算（0.5天）。

（4）水厂设计布局和制图（1.5天）。

（5）撰写计算说明书（1.5天）。

（6）成果整理、准备答辩（0.5天）。

7.2.4　成绩考核

课程设计考核方式：课程设计中进行进度抽查，检查学生的基本概念是否清楚、是否独立按时完成设计与计算内容；课程设计结束后，学生提交纸版设计计算说明书1份，纸板设计CAD图纸1套（包括目录、总平面布置图、工艺流程高程图、絮凝沉淀池或普通快滤池平面图）。

课程设计成绩评定标准：学生的成绩由四部分组成，即平时成绩、计算说明书的考核成绩、设计图纸的考核成绩以及答辩成绩。平时成绩占总评成绩的20%，根据考勤、设计过程中的答疑对学生的基本概念是否清楚、是否按时独立完成每天的设计任务等方面进行检查、评分；计算说明书的考核成绩占总评成绩30%，评分标准是计算说明书内容是否完整、准确，书写是否工整等；设计图纸的考核成绩占总评成绩30%，评分标准是设计图纸内容是否完整、正确，图纸表达是否符合规范等；答辩成绩占总评成绩的20%，评分标准是答辩叙述过程是否熟练、流利，回答问题是否准确、流畅。课程设计的成绩按优秀、良好、中等、及格和不及格五级评定。

7.3 给水处理课程设计指导书

7.3.1 课程设计的基本要求

1）完成要求

课程设计要求 4 人一组，一组一题，在教师指导下，集中时间、集中地点完成。

（1）培养学生严谨的科学态度，提高其独立工作的能力，包括收集设计资料、综合分析问题、理论计算、数据处理、工程制图、文字表达等。最终使学生通过课程设计掌握给水厂设计的一般程序，学会灵活地处理复杂的工程问题，得到较为全面的工程设计的初步训练。

（2）设计前熟悉原始资料及总体设计原则。

①水厂工艺流程的确定，各类水厂构筑物选型比较。

②水处理混凝剂、助凝剂选择；投加量的确定，消毒剂的选择和控制。

③各水工构筑物单体设计、计算。

④水厂总平面布置和高程布置。

（3）设计过程中，要求学生认真复习相关的基本概念和原理知识。

（4）学会编写"课程设计说明书"，课程设计说明书内容完整、计算准确、论述简洁、文理通顺、装订整齐。

（5）课程设计图纸应能较好地表达设计意图，图面布局合理、正确清晰、符合制图标准及有关规定。

（6）在设计过程中应独立思考，在指导教师帮助下完成工作，严禁抄袭。

2）成果要求

（1）计算说明书一份，要求书面整洁、文理通顺、论证合理、层次分明、计算无误。

（2）设计图纸三张：水厂平面图（A3）、水厂高程图（A3）、絮凝沉淀池或普通快滤池平面图（A3）。要求布置合理、图面整洁、按绘图规定制图。

7.3.2 课程设计的主要内容

1）设计题目。

A 市净水厂工艺设计。

2）工程概况

工程位于福建省某城市，水厂供水规模 $X \times 10^4$ m³/d，自用水量占 5%。该市有一蓄水量较大的水库可作为水源，水库水质为二类地表水，符合生活饮用水水源要求。出厂水质符合一类水质标准。水厂出厂水压为 0.34 MPa，满足最小服务水头 0.25 Mpa 的要求。各组按地面高程 345 m，进行净水厂工艺图及总平面布置。

第一组，A 市：设计水量 2.0×10^4 m³/d，详细设计絮凝沉淀池

第二组，A 市：设计水量 2.0×10^4 m³/d，详细设计普通快滤池

第三组，B 市：设计水量 3.0×10^4 m³/d，详细设计絮凝沉淀池

第四组，B 市：设计水量 3.0×10^4 m³/d，详细设计普通快滤池

第五组，C 市：设计水量 4.0×10^4 m³/d，详细设计絮凝沉淀池

第六组，C 市：设计水量 4.0×10^4 m³/d，详细设计普通快滤池

第七组，D 市：设计水量 5.0×10^4 m³/d，详细设计絮凝沉淀池

第八组，D 市：设计水量 5.0×10^4 m³/d，详细设计普通快滤池

第九组，E 市：设计水量 5.5×10^4 m³/d，详细设计絮凝沉淀池

第十组，E 市：设计水量 5.5×10^4 m³/d，详细设计普通快滤池

第十一组，F 市：设计水量 6.0×10^4 m³/d，详细设计絮凝沉淀池

第十二组，G 市：设计水量 6.5×10^4 m³/d，详细设计絮凝沉淀池

第十三组，G 市：设计水量 6.5×10^4 m³/d，详细设计普通快滤池

3）设计步骤及方法

根据已有数据资料，对水厂的平面布置、高程布置及网格絮凝–平流沉淀池或滤池进行设计。

（1）计算说明书的撰写，包括水厂的网格絮凝池、平流沉淀池、滤池、清水池的具体尺寸计算步骤及参数选取。

（2）水厂的平面布置，考虑风向及地理位置，设计安排水厂的大门、各水处理构筑物及办公大楼、食堂、职工宿舍等建筑物的位置，标明尺寸。

（3）水厂的高程布置，考虑水头损失，依次将原水通过网格絮凝–平流沉淀池、滤池、清水池的水深标明在高程图上，并在计算书上写明计算步骤。

（4）根据给水设计规范，设计网格絮凝–平流沉淀池或滤池，用 Autocad 画出相应构筑物的平面图，并标明尺寸。

7.3.3 主要关键技术的分析、解决、方案比较

整个水厂的布局参照给定的地块，根据地块的大小和形状，设计各种构筑物的顺序及摆放位置。水厂平面图和高程布置图均要包含混合器、网格絮凝池、普

通快滤池、清水池、二泵房等构筑物，并注明各构筑物的尺寸规格、数量及标高参数，平面图还要考虑水厂大门、综合楼、加药间、加氯间、化验间、变电间等的设置，加药间和加氯间要安排在下风向。

1）絮凝沉淀池的设计要点

统一设计网格絮凝池和平流沉淀池。

（1）网格絮凝池。基本特点：网格絮凝池是应用紊流理论的絮凝池，由于池高适当，网格絮凝池可与平流沉淀池或斜管沉淀池合建。网格絮凝池的平面布置由多格竖井串联而成。单池的处理水量以 1×10^4 ~ 2.5×10^4 m³/d 为宜，以免因单格面积过大而影响效果。

絮凝池分成许多面积相等的方格，进水水流顺序地从一格流向下一格，上下交错流动，直至出口。在全池 2/3 的分格内，水平放置网格和栅条。通过网格或栅条的孔隙时，水流收缩，过网孔后水流扩大，形成良好絮凝条件。

设计参数：

絮凝时间为 12 ~ 20 min；

絮凝池分格大小，按竖向流速确定；

絮凝池分格数按絮凝时间计算，可大致分为 3 段，其中前段为 4 ~ 6 min，中段为 4 ~ 6 min，末端为 4 ~ 8 min；

竖井平均流速：前段、中段流速为 0.14 ~ 0.12 m/s，末段流速为 0.14 ~ 0.10 m/s；

网孔或过栅流速：前段为 0.30 ~ 0.25 m/s，中段为 0.25 ~ 0.22 m/s，末段不安放网格；

竖井之间孔洞流速：前段为 0.30 ~ 0.20 m/s，中段为 0.20 ~ 0.15 m/s，末段为 0.14 ~ 0.10 m/s；各格之间的过水孔洞应上下交错布置。

具体计算公式和步骤参考《给水排水设计手册（第 3 册）：城镇给水》和净水厂计算书（网格絮凝池计算）。

（2）加药量的计算：推荐使用硫酸铝作为混凝剂，最大投加浓度为 20 mg/L，计算最终投加量。

（3）平流沉淀池基本特点：平流沉淀池构造简单，为一长方形的水池。给水处理中，一般水流从絮凝池直接流入沉淀池，进水采用穿孔墙配水，出水采用集水槽集水。一般池数或分格数不少于 2 座。

设计参数：

沉淀时间宜为 1.5 ~ 3.0 h；

水平流速可采用 10 ~ 25 mm/s，池中水流应避免过多转折；

有效水深可采用 3.0 ~ 3.5 m，超高一般为 0.3 ~ 0.5 m；

池的长宽比应不小于 4 ： 1，池的长深比不小于 10 ： 1。

具体计算公式和步骤参考《给水排水设计手册（第 3 册）：城镇给水》和谢水波、姜应和编著的《水质工程学》（上册）（机械工业出版社）。

2）普通快滤池的设计要点

普通快滤池基本特点：设有四个阀门，即进水阀、排水阀、反冲洗阀、清水阀，故又称为"四阀滤池"。

设计参数：

（1）滤池的个数不得小于 2 个，一般单池面积不大于 100 m²。

（2）单个滤池面积可根据滤池总面积 F 与滤池个数 N 进行计算。

（3）滤池面积及个数确定以后，以强制滤速进行校核。

（4）滤池的长（垂直于管廊方向）宽比应根据技术经济比较决定。经济可行的长宽比为 1.5 ： 1 ~ 4 ： 1。

（5）滤池总深度一般为 3.2 ~ 3.8 m。单层级配砂滤料滤池深度小一些，双层和三层滤料滤池深度稍大一些。

具体计算公式和步骤参考《给水排水设计手册（第 3 册）：城镇给水》和谢水波、姜应和编著的《水质工程学》（上册）（机械工业出版社）。

3）清水池的设计要点

（1）加氯量的计算。加氯量为 0.5 ~ 1.0 mg/L，氯与水接触时间不小于 30 min，加氯量 Q 计算公式如下：

$$Q = 0.001aQ_1 \text{ (kg/h)} \tag{7-1}$$

式中：

a——最大投氯量，mg/L；

Q_1——需消毒的水量，m³/h。

（2）清水池的设计计算。根据所处理水量的 10% ~ 20% 取值，设计清水池的长、宽和高。

7.3.4 其他问题

（1）图纸表达

必须符合给水排水制图标准 GB/T 50106—2001。

（2）比例尺规定

水厂平面图、高程图取 1 ： 1000，单体构筑物平面图和剖面图取 1 ： 100 或 1 ： 200。

（3）尺寸标注

标注原则：方便非主导专业人员和施工人员的读图和数据查找（不同图要重复标注），符合国家制图标准。

平面尺寸标注以 mm 为单位，高程图上一般不注详细尺寸，仅注详细标高，标高以 m 为单位。

附录　净水厂计算书（重点构筑物计算范例）

☆网格絮凝池计算

1）网格絮凝池规范要求

絮凝时间为 12 ~ 20 min。

絮凝池分格大小，按竖向流速确定。

絮凝池分格数按絮凝时间计算，可大致分为 3 段，其中前段为 4 ~ 6 min，中段为 4 ~ 6 min，末段为 4 ~ 8 min。

竖井平均流速：前段、中段流速为 0.14 ~ 0.12 m/s，末段流速为 0.14 ~ 0.10 m/s。

网孔或过栅流速：前段为 0.30 ~ 0.25 m/s，中段为 0.25 ~ 0.22 m/s，末段不安放网格。

竖井之间孔洞流速：前段为 0.30 ~ 0.20 m/s，中段为 0.20 ~ 0.15 m/s，末段为 0.14 ~ 0.10 m/s。

2）网格絮凝池参数选取

供水规模 Q=20 000 m³/d，考虑水厂的自用水量为 10%，则水厂制水规模为 Q=20 000×1.10=22 000 m³/d ≈ 916.67 m³/h ≈ 0.255 m³/s。

分为两格，所以每格流量为 458.34 m³/h ≈ 0.127 m³/s。

设絮凝时间为 t=16 min，絮凝池分为三段。

前段放密网格，过网流速 $v_{1网}$=0.25 m/s，竖井平均流速 $v_{1井}$=0.12 m/s。

中段放疏网格，过网流速 $v_{2网}$=0.22 m/s，竖井平均流速 $v_{2井}$=0.12 m/s。

末段不放网格，竖井平均流速 $v_{3井}$=0.12 m/s。

前段竖井的过孔流速为 0.30 ~ 0.20 m/s，中段为 0.20 ~ 0.15 m/s，末段为 0.14 ~ 0.10 m/s。

3）单格网格絮凝池设计计算

（1）单格絮凝池的设计水量为 Q_1=458.34 m³/h ≈ 0.127 m³/s。

（2）单格絮凝池的容积 V=0.127×16×60=121.92 m³。

（3）单格絮凝池的平面面积 A。

为与沉淀池配合，絮凝池的有效水深为 4.1 m，

$$A=\frac{V}{H}=\frac{121.92}{4.1}\approx 29.74(\text{m}^2)$$

（4）单格絮凝池单个竖井的面积

$$f=\frac{Q_1}{v_\text{井}}=\frac{0.127}{0.12}\approx 1.06(\text{m}^2)$$

取竖井的长 l =1.0 m，宽 b =1.0 m，单个竖井的实际面积 $f_\text{实}$=1.0×1.0=1.0 m²，

$$v_\text{井实}=\frac{Q_1}{f_\text{实}}=\frac{0.127}{1.0}=0.127\text{m}/\text{s}=n=\frac{A}{f}=29.74，\text{ 取 } n =30。$$

（5）竖井内网格的布置：网格材料选用不锈钢矩形管。

① 前段放置密网格，网格尺寸为 80 mm × 80 mm，

竖井过水面积为

$$A_{1\text{水}}=\frac{Q_1}{v_{1\text{网}}}=\frac{0.127}{0.25}\approx 0.51(\text{m}^2)，$$

网格个数 $n=\dfrac{A_{1\text{水}}}{S}=\dfrac{0.51}{0.08\times0.08}\approx 79.7$，取网格数 n=81 布置如图 7-1 所示。

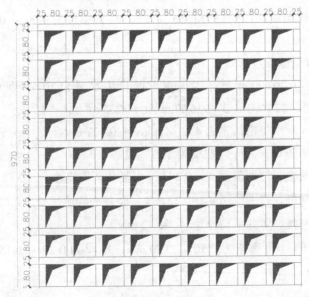

图 7-1　网格图

则竖井实际过水断面面积为 $9 \times 9 \times 0.08 \times 0.08 = 0.518 \ \text{m}^2$，

实际过网流速 $v_{1网} = \dfrac{0.127}{0.518} \approx 0.25 \ \text{m/s}$。

② 中段放置疏网格，网格尺寸为 $100 \ \text{mm} \times 100 \ \text{mm}$，

竖井过水面积为 $A_{2水} = \dfrac{Q_1}{v_{2网}} = \dfrac{0.127}{0.22} \approx 0.58 \ \text{m}^2$，

网格个数 $n = \dfrac{A_{2水}}{S} = \dfrac{0.58}{0.1 \times 0.1} = 58$，取网格数 $n = 56$，布置如图 7-2 所示。

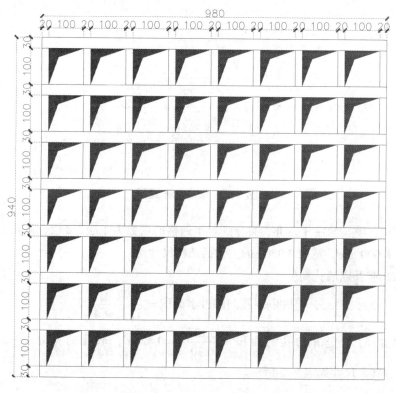

图 7-2　网格图

则竖井实际过水面积为 $7 \times 8 \times 0.1 \times 0.1 = 0.56 \ \text{m}^2$，

实际过网流速 $v_{2网} = \dfrac{0.127}{0.56} \approx 0.23 \ \text{m/s}$。

（6）絮凝池的总高：絮凝池的有效水深为 4.1 m，取超高 0.3 m，池底设置泥斗，泥斗深度为 0.8 m，池的总高 $H = 4.1 + 0.3 + 0.8 = 5.2 \ \text{m}$。

絮凝池布置如图 7-3 所示。

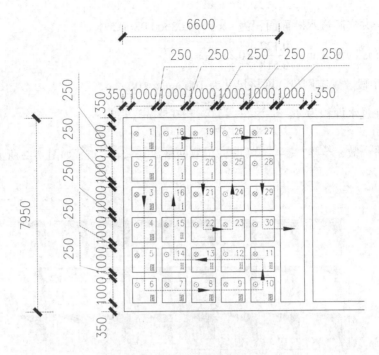

图 7-3　絮凝池布置图

图中，罗马数字 Ⅰ，Ⅱ，Ⅲ 分别表示网格的层数为 1 层、2 层、3 层。絮凝池的长为 6 600 mm，宽为 7 950 mm（包括结构尺寸）。

（7）竖井隔墙孔洞尺寸：

$$竖井隔墙孔洞的过水面积 = \frac{流量}{过孔流速}$$

例如，1 号竖井的孔洞面积 $= \dfrac{0.127}{0.30} \approx 0.42 \text{ m}^2$，取孔的宽为 1.0 m，高为 0.42 m。其余尺寸如表 7-2 所示。

表7-2　竖井隔墙孔洞部分尺寸

竖井编号	1	2	3	4	5
孔洞高（m）×宽（m）	0.42×1.0	0.44×1.0	0.45×1.0	0.47×1.0	0.49×1.0
过孔流速（m/s）	0.30	0.29	0.28	0.27	0.26

竖井编号	6	7	8	9	10
孔洞高（m）× 宽（m）	0.51 × 1.0	0.53 × 1.0	0.55 × 1.0	0.58 × 1.0	0.64 × 1.0
过孔流速（m/s）	0.25	0.24	0.23	0.22	0.20
竖井编号	11	12	13	14	15
孔洞高（m）× 宽（m）	0.64 × 1.0	0.67 × 1.0	0.67 × 1.0	0.71 × 1.0	0.71 × 1.0
过孔流速（m/s）	0.20	0.19	0.19	0.18	0.18
竖井编号	16	17	18	19	20
孔洞高（m）× 宽（m）	0.75 × 1.0	0.75 × 1.0	0.79 × 1.0	0.79 × 1.0	0.85 × 1.0
过孔流速（m/s）	0.17	0.17	0.16	0.16	0.15
竖井编号	21	22	23	24	25
孔洞高（m）× 宽（m）	0.91 × 1.0	0.91 × 1.0	0.98 × 1.0	0.98 × 1.0	1.06 × 1.0
过孔流速（m/s）	0.14	0.14	0.13	0.13	0.12
竖井编号	26	27	28	29	30
孔洞高（m）× 宽（m）	1.06 × 1.0	1.15 × 1.0	1.15 × 1.0	1.27 × 1.0	1.27 × 1.0
过孔流速（m/s）	0.12	0.11	0.11	0.10	0.10

（8）水头损失为

$$h = \sum h_1 + \sum h_2 = \sum \xi_1 \frac{v_1^2}{2g} + \sum \xi_2 \frac{v_2^2}{2g}$$

式中：

h_1——每层网格的水头损失；

h_2——每个孔洞的水头损失；

ξ_1——网格阻力系数，前段取 1.0，中段取 0.9；

ξ_2——孔洞阻力系数，取 3.0；

v_1——竖井中过网流速；

v_2——各段孔洞流速。

第一段计算数据如下：

竖井 10 个，单个竖井网格层数 3 层，共计 30 层；

$\xi_1 = 1.0$；

过网流速 $v_{1\text{网}} = 0.25 \text{ m/s}$；

竖井隔墙 10 个孔洞；

$\xi_2 = 3.0$；

过孔流速 $v_{1\text{孔}} = 0.30 \text{ m/s}$，$v_{2\text{孔}} = 0.29 \text{ m/s}$，$v_{3\text{孔}} = 0.28 \text{ m/s}$，$v_{4\text{孔}} = 0.27 \text{ m/s}$，$v_{5\text{孔}} = 0.26$ m/s，$v_{6\text{孔}} = 0.25 \text{ m/s}$，$v_{7\text{孔}} = 0.24 \text{ m/s}$，$v_{8\text{孔}} = 0.23 \text{ m/s}$，$v_{9\text{孔}} = 0.22 \text{ m/s}$，$v_{10\text{孔}} = 0.20 \text{ m/s}$。

$$h = \sum h_1 + \sum h_2 = \sum \xi_1 \frac{v_1^2}{2g} + \sum \xi_2 \frac{v_2^2}{2g} = 30 \times 1.0 \times \frac{0.25^2}{2 \times 9.81} +$$

$$\frac{3}{2 \times 9.81}(0.30^2 + 0.29^2 + 0.28^2 + 0.27^2 + 0.26^2 + 0.25^2 + 0.24^2 + 0.23^2 + 0.22^2 + 0.20^2)$$

$$\approx 0.096 + 0.10 = 0.196 \text{ m}$$

第二段计算数据如下：

竖井 10 个，前 5 个竖井网格层数 2 层，后 5 个竖井网格层数 1 层，共计 15 层；

$\xi_1 = 0.9$；

过网流速 $v_{2\text{网}} = 0.23 \text{ m/s}$；

竖井隔墙 10 个孔洞；

$\xi_2 = 3.0$；

过孔流速 $v_{11\text{孔}} = 0.20 \text{ m/s}$，$v_{12\text{孔}} = 0.19 \text{ m/s}$，$v_{13\text{孔}} = 0.19 \text{ m/s}$，$v_{14\text{孔}} = 0.18 \text{ m/s}$，$v_{15\text{孔}} = 0.18$ m/s，$v_{16\text{孔}} = 0.17 \text{ m/s}$，$v_{17\text{孔}} = 0.17 \text{ m/s}$，$v_{18\text{孔}} = 0.16 \text{ m/s}$，$v_{19\text{孔}} = 0.16 \text{ m/s}$，$v_{20\text{孔}} = 0.15 \text{ m/s}$。

$$h = \sum h_1 + \sum h_2 = \sum \xi_1 \frac{v_1^2}{2g} + \sum \xi_2 \frac{v_2^2}{2g}$$

$$= 15 \times 0.9 \times \frac{0.23^2}{2 \times 9.81} +$$

$$\frac{3}{2 \times 9.81}(0.20^2 + 0.19^2 + 0.19^2 + 0.18^2 + 0.18^2 + 0.17^2 + 0.17^2 + 0.16^2 + 0.16^2 + 0.15^2)$$

$$\approx 0.036 + 0.047 = 0.083 \text{ m}$$

第三段计算数据如下：

竖井隔墙 10 个孔洞；

$\xi_2 = 3.0$；

过孔流速 $v_{21\text{孔}} = 0.14 \text{ m/s}$，$v_{22\text{孔}} = 0.14 \text{ m/s}$，$v_{23\text{孔}} = 0.13 \text{ m/s}$，$v_{24\text{孔}} = 0.13 \text{ m/s}$，$v_{25\text{孔}} = 0.12$ m/s，$v_{26\text{孔}} = 0.12 \text{ m/s}$，$v_{27\text{孔}} = 0.11 \text{ m/s}$，$v_{28\text{孔}} = 0.11 \text{ m/s}$，$v_{29\text{孔}} = 0.10 \text{ m/s}$，$v_{30\text{孔}} = 0.10 \text{ m/s}$。

$$h=\sum h_2 = \sum \xi_2 \frac{v_2^2}{2g}$$

$$= \frac{3}{2 \times 9.81}(0.14^2+0.14^2+0.13^2+0.13^2+0.12^2+0.12^2+0.11^2+0.11^2+0.10^2+0.10^2)$$

$$\approx 0.022 \text{ m}$$

总水头损失：$0.196+0.083+0.022=0.30$ m。

（9）各段的停留时间：

第一段 $t_1 = \dfrac{V_1}{Q} = \dfrac{1.0 \times 1.0 \times 4.1 \times 10}{0.127} \approx 322.83$ s ≈ 5.38 min；

第二段 $t_2 = t_3 = \dfrac{V}{Q} = 322.83$ s ≈ 5.38 min。

（10）G 值：

$$G = \sqrt{\frac{\rho g h}{\mu T}},$$

当 $T=20℃$ 时，$\mu=1.0 \times 10^{-3}$ Pa·s，

$$G_1 = \sqrt{\frac{\rho g h_1}{\mu T_1}} = \sqrt{\frac{1\,000 \times 9.81 \times 0.196}{1.0 \times 10^{-3} \times 322.83}} \approx 77.2 \text{(s}^{-1}\text{)};$$

$$G_2 = \sqrt{\frac{\rho g h_2}{\mu T_2}} = \sqrt{\frac{1\,000 \times 9.81 \times 0.083}{1.0 \times 10^{-3} \times 322.83}} \approx 50.2 \text{(s}^{-1}\text{)};$$

$$G_3 = \sqrt{\frac{\rho g h_3}{\mu T_3}} = \sqrt{\frac{1\,000 \times 9.81 \times 0.022}{1.0 \times 10^{-3} \times 322.83}} \approx 25.86 \text{(s}^{-1}\text{)};$$

$$\overline{G} = \sqrt{\frac{\rho g \sum h}{\mu T}} = \sqrt{\frac{1\,000 \times 9.81 \times 0.30}{1.0 \times 10^{-3} \times 968.49}} \approx 55.12 \text{(s}^{-1}\text{)};$$

$\overline{GT} = 55.12 \times 968.49 \approx 53\,383 \approx 5.34 \times 10^4$。

此 $\overline{GT}$ 值位于 $10^4 \sim 10^5$，说明设计合理。

池底设置重力排泥斗，排泥管管径按最小管径设定 DN = 200，安装 DN = 200 的手动阀门。

☆平流沉淀池的设计

基本特点：平流沉淀池构造简单，为长方形水池，给水处理中，一般水流从絮凝池直接流入沉淀池，进水采用穿孔墙配水，出水采用集水槽集水。一般池数或分格数不少于 2 座。考虑到两组网格絮凝池的水进入沉淀池，沉淀池也取两组。

1）设计参数

（1）沉淀时间：初次沉淀池取 $1.5 \sim 3.0$ h。

（2）沉淀时间宜为 1.5～3.0 h。

（3）水平流速可采用 10～25 mm/s，池中水流应避免过多转折。

（4）有效水深可采用 3.0～3.5 m，超高一般为 0.3～0.5 m。

（5）池的长宽比应不小于 4：1，池的长深比不小于 10：1。

2）单个沉淀池的设计计算

供水规模 Q 为 20 000 m³/d，考虑水厂的自用水量 10%，则水厂制水规模为 Q =20 000×1.10=22 000 m³/d ≈ 916.67 m³/h ≈ 0.255 m³/s。

分为两格，所以每格流量为 458.34 m³/h ≈ 0.127 m³/s。

（1）池子总面积 A：总 Q 取 22 000 m³/d ≈ 0.255 m³/s，因此每个池子的 $Q_单$ =1/2×0.255 m³/s=0.127 m³/s，表面负荷 q 取 q=2.0m³/(m²·h)，则 $A=Q_单/q$ =0.127×3 600/2=228.6 m²。

（2）有效水深 h_2：取 t =1.5 h，h_2=qt =2×1.5=3 m。

（3）沉淀部分有效容积：$V'=q_单 t$×3 600 =0.127×3 600×1.5=685.8 m³。

（4）池长 L：最大设计流量时水平流速 v =10 mm/s，为使网格絮凝池能够相互对应连接，取宽为 B=7.95 m，L = vt =10×3 600×0.001×1.5= 54 m。

（5）每个池子分格宽度 b 取 4 m，池子个数 2，则 n=7.95/4 ≈ 2个。

（6）校核长宽比 L/b=54/4=13.5>4；校核长深比 L/h_2=54/3=18>10。符合要求。

（7）沉淀池总高度 H：取超高 0.3 m，缓冲层高度 h_3=0.5 m，则沉淀池总高度 H=0.3+3+0.5=3.8 m。

（8）沉淀池总长度 L=54+0.5+0.3=54.8 m。

☆普通快滤池的设计

快滤池是典型的滤层过滤设备，利用滤层中粒状材料所提供的表面积，截留水中经混凝沉淀处理的悬浮固体的设备。普通快滤池能截留粒径远比滤料空隙小的水中杂质，主要通过接触絮凝作用，其次为筛滤作用和沉淀作用。

快滤池的运行主要是过滤和冲洗两个过程的循环。

1）设计参数

（1）滤池的个数不得小于 2 个，一般单池面积不大于 100 m²。

（2）单个滤池面积可根据滤池总面积 F 与滤池个数 N 进行计算。

（3）滤池面积及个数确定以后，以强制滤速进行校核。

（4）滤池的长（指垂直于管廊方向）宽比，应根据技术经济比较决定。经济可行的长宽比为 1.5：1～4：1。

（5）滤池总深度一般为 3.2～3.8 m。单层级配砂滤料滤池深度小一些，双层和三层滤料滤池深度稍大一些。

因此，取参数如下：

滤速 v =9 m/h，冲洗强度 q=14 L/(s·m^2)，冲洗时间为 6 min。

2）滤池的设计计算

（1）滤池面积及尺寸。滤池工作时间为 24 h，冲洗周期为 12 h。

滤池实际工作时间 $T = 24 - 0.1 \times \dfrac{24}{12} = 23.8$ h（式中只考虑反冲洗停用时间，不考虑排放初滤水时间），滤池面积为

$$F = \frac{Q}{vT} = \frac{22\,000}{9 \times 23.8} \approx 102.7 \text{ m}^2$$

采用滤池数 N=4，布置成对称单行排列，每个滤池的面积为

$$f = \frac{F}{N} = \frac{102.7}{4} \approx 26 \text{ m}^2$$

采用长宽比：$\dfrac{L}{B} = 1.5$ 左右；

采用滤池尺寸：L=6.5 m，B=4.0 m；

校核强制滤速：$v' = \dfrac{Nv}{N-1} = \dfrac{4 \times 9}{3} = 12$ m/h。

（2）滤池高度：支撑层高度 H_1 采用 0.45 m，滤料层高度 H_2 采用 0.7 m，砂面上水深 H_3 采用 1.7 m，保护高度 H_4 采用 0.3 m。

故滤池总高 $H=H_1+H_2+H_3+H_4 =0.45+0.7+1.7+0.3=3.15$ m。

（3）配水系统。

① 干管。

干管流量：$q_g = fq = 14 \times 26 = 364$ L/s。

采用管径：d_g =650 mm（干管埋入池底，顶部设滤头或开孔布设）。

干管始端流速：$v_g = \dfrac{Q}{f_g} = \dfrac{0.364}{\dfrac{\pi}{4}d_g^2} = \dfrac{0.364}{0.785 \times 0.65^2} \approx 1.1$ m/s。

② 支管。

支管中心间距采用 a_j =0.25 m。

每池支管数：$n_j = 2 \times \dfrac{L}{a} = 2 \times \dfrac{6.5}{0.25} = 52$ 根。

每根支管入口流量：$q_j = \dfrac{q_g}{n_j} = \dfrac{364}{52} = 7.0$ L/s。

采用管径：d_j =70 mm。

支管始端流速：$v_j = \dfrac{Q}{f_j} = \dfrac{0.007}{\dfrac{\pi}{4}d_j^2} = \dfrac{0.007}{0.785 \times 0.070^2} \approx 1.8\ \mathrm{m/s}$。

③ 孔眼布置。支管孔眼总面积与滤池面积之比 K 采用 0.25%。

孔眼总面积：$F_k = Kf = 0.25\% \times 26 = 0.065\ \mathrm{m^2} = 65\,000\ \mathrm{mm^2}$。

采用孔眼直径：$d = 9\ \mathrm{mm}$。

每个孔眼面积：$f_k = \dfrac{\pi}{4}d_k^2 = 0.785 \times 9^2 \approx 63.6\ \mathrm{mm^2}$。

孔眼总数：$N_k = \dfrac{F_k}{f_k} = \dfrac{65\,000}{63.6} \approx 1\,022$ 个。

每根支管孔眼数：$n_k = \dfrac{N_k}{n_j} = \dfrac{1\,022}{52} \approx 20$ 个。

支管孔眼布置设两排，与垂线成 45° 夹角向下交错排列。

每根支管长度：$l_j = \dfrac{1}{2}(B - d_g) = \dfrac{1}{2} \times (4.0 - 0.65) \approx 1.68\ \mathrm{m}$。

每排孔眼中心距：$a_k = \dfrac{l_j}{\dfrac{1}{2}n_k} = \dfrac{1.68}{0.5 \times 20} = 0.168\ \mathrm{m}$。

④ 孔眼水头损失。

流量系数：$\mu = 0.68$。

水头损失：$h_k = \dfrac{1}{2g}\left(\dfrac{q}{10uk}\right)^2 = \dfrac{1}{2g}\left(\dfrac{14}{10 \times 0.68 \times 0.25}\right)^2 \approx 3.5\ \mathrm{m}$。

⑤ 复算配水系统。

支管长度与直径之比不大于 60，则 $\dfrac{l_j}{d_j} = \dfrac{1.68}{0.070} = 24 < 60$。

孔眼总面积与支管总横截面积之比 < 0.5，则

$$\dfrac{F_k}{n_j f_j} = \dfrac{0.065}{52 \times 0.785 \times 0.070^2} \approx 0.32 < 0.5$$

干管横截面积与支管横截面积之比一般为 1.75 ~ 2.0，则

$$\dfrac{f_g}{n_j f_j} = \dfrac{0.785 \times 0.65^2}{52 \times 0.785 \times 0.070^2} = 1.66 \approx 1.75$$

孔眼中心距应小于 0.2，则 $a_k = 0.168 < 0.2\ \mathrm{m}$。

（4）洗砂排水槽。洗砂排水槽中心距采用 $a_0 = 2.0\ \mathrm{m}$。

排水槽根数：$n_c = 4.0/2.0 = 2$ 根。

排水槽长度：$l_0 = L = 6.5\ \mathrm{m}$。

每槽排水量：$q_0 = ql_0a_0 = 14 \times 6.5 \times 2 = 182\ \mathrm{L/s}$。

采用三角形标准断面。

槽中流速采用 $v_0 = 0.6$ m/s。

槽断面尺寸：$x = \dfrac{1}{2}\sqrt{\dfrac{q_0}{1\,000v_0}} = \dfrac{1}{2}\sqrt{\dfrac{182}{1\,000 \times 0.6}} \approx 0.275$ m，采用 0.27 m。

排水槽底厚度采用 $\delta = 0.05$ m。

砂层最大膨胀率：$e = 45\%$。

砂层厚度：$H_2 = 0.7$ m。

洗砂排水槽顶距砂面高度：

$H_e = eH_2 + 2.5x + \delta + 0.075 = 0.45 \times 0.7 +$

$2.5 \times 0.27 + 0.05 + 0.075 = 1.12$ m。

洗砂排水槽总平面面积：$F_0 = 2xl_0n_c = 2 \times 0.27 \times 6.5 \times 2 = 7.02$ m^2。

复算，排水槽总平面面积与滤池面积之比，一般小于 25%，则

$$\frac{F_0}{f} = \frac{7.02}{26} = 27\% \approx 25\%$$

（5）滤池各种管渠计算。

① 进水。

进水总流量：$Q_1 = 22\,000$ m³/d ≈ 0.255 m³/s。

各个滤池进水管流量：$Q_2 = 0.255/4 \approx 0.064$ m³/s。

采用进水管直径：$D_2 = 300$ mm。

管中流速：$v_2 = \dfrac{Q_2}{f_2} = \dfrac{0.064}{\dfrac{\pi}{4}d_2^{\,2}} = \dfrac{0.064}{0.785 \times 0.30^2} \approx 0.9$ m/s。

② 冲洗水。

冲洗水总流量：$Q_3 = qf = 14 \times 26 \times 0.001 = 0.364$ m³/s。

采用管径：$D_3 = 450$ mm。

管中流速：$v_3 = \dfrac{Q}{f_3} = \dfrac{0.364}{\dfrac{\pi}{4}d_3^{\,2}} = \dfrac{0.364}{0.785 \times 0.45^2} \approx 2.29$ m/s。

③ 清水。

清水总流量：$Q_4 = Q_1 = 0.255$ m³/s。

每个滤池清水管流量：$Q_5 = Q_2 = 0.064$ m³/s。

采用管径：$D_5 = 250$ mm。

管中流速：$v_5 = 1.30$ m/s。

$$v_5 = \frac{Q}{f_5} = \frac{0.064}{\dfrac{\pi}{4}d_5^{\,2}} = \frac{0.064}{0.785 \times 0.25^2} \approx 1.30 \text{ m/s}$$

④ 排水。

排水流量：$Q_6 = Q_3 = 0.364$ m³/s。

采用管径：$D_6 = 450$ mm。

$$v_6 = \frac{Q}{f_3} = \frac{0.364}{\frac{\pi}{4}d_3^2} = \frac{0.364}{0.785 \times 0.45^2} \approx 2.29 \text{ m/s}$$

管中流速：$v_6 = 2.29$ m/s（为了便于布置同进水渠断面）。

（6）冲洗水箱（或水泵）。

冲洗时间：$t = 6$ min。

冲洗水箱容积：$w = 1.5qft = 1.5 \times 14 \times 26 \times 6 \times 60 = 196.6$ m³。

水箱低至滤池配水管间的沿途及局部损失之和 $h_1 = 1.0$ m。

配水系统水头损失：$h_2 = h_k = 3.5$ m。

承托层水头损失：$h_3 = 0.022H_1q = 0.022 \times 0.45 \times 14 = 0.14$ m。

滤料层水头损失：

$$h_4 = \left(\frac{\gamma_1}{\gamma} - 1\right)(1 - m_0)H_2 = \left(\frac{2.65}{1} - 1\right) \times (1 - 0.41) \times 0.7 = 0.68 \text{ m}。$$

安全富余水头采用 $h_5 = 1.5$ m。

冲洗水箱底应高出洗砂排水槽面：

$$H_0 = h_1 + h_2 + h_3 + h_4 + h_5 = 1.0 + 3.5 + 0.14 + 0.68 + 1.5 = 6.8 \text{ m}。$$

本章主要参考文献：

[1] 上海市建设和交通委员会 . 室外给水设计规范：GB 50013—2006 [S]. 北京：中国计划出版社，2006.

[2] 北京市市政工程设计研究总院 . 给水排水设计手册（第1册）：常用资料 [M]. 第2版 . 北京：中国建筑工业出版社，2002.

[3] 北京市市政工程设计研究总院 . 给水排水设计手册（第3册）：城镇给水 [M] . 第2版 . 北京：中国建筑工业出版社，2002.

[4] 中华人民共和国建设部 . 给水排水制图标准：GB/T 50106—2001 [S]. 北京：中国计划出版社，2001.

第8章 污水处理课程设计

8.1 污水处理课程设计教学大纲

学分/学时：1学分/1周
课程类型：独立设置实践环节
考核方式：考查
开课学期：春季学期（大三第二学期）
先修课程：给水排水管道系统、水处理微生物学、水质工程学
后续课程：无

8.1.1 课程性质与教学目标

1）课程性质

"污水处理课程设计"是水质工程学课程的重要实践性环节，在水务工程专业培养计划中独立设置，是学生在校期间一次较全面的工程师能力训练，在实现学生总体培养目标中占有重要地位。

2）教学目标

通过"污水处理课程设计"的学习和讲授，复习和消化课堂所讲内容，强化对污水处理工程技术的基础知识、理论知识和专业知识的认识和掌握。通过对某城市污水处理厂的设计，树立正确的设计思想，培养分析问题和解决问题的能力，学习编写设计说明书、查阅参考资料、使用规范、手册及有关工具书，提高计算技能和绘图能力，为今后从事污水处理相关工作奠定基础。

8.1.2　选题的原则

根据课程的性质、任务及要求，污水处理课程设计题目以学生相对比较熟悉的二级生物处理技术为主要对象，分组进行，使学生在设计过程中能较好地巩固污水处理工程技术的基本概念、基本原理、设计方法、计算过程等，增强学生编写设计说明书、查阅参考资料、使用规范、手册及有关工具书的技能，提高学生的绘图能力。选题难度以上中等为宜，能更好地激发学生学习设计的兴趣及锻炼学生的设计能力。

8.1.3　课程设计内容

1）设计内容

进行城镇污水处理厂的初步设计，主要设计内容包括。

（1）根据所给的原始资料，计算进厂的污水设计流量。

（2）根据水体的情况确定污水处理方法、流程及有关处理构筑物。

（3）对各构筑物进行工艺设计计算，确定其型式、数目与尺寸。

（4）进行各处理构筑物的总体布置和污水流程的高程设计。

（5）设计说明书。

2）设计组织方法

该课程设计要求在教师指导下，集中 1 周时间完成。时间上要求安排在"水质工程学"全部理论课程讲授完毕后集中进行。课程设计组织方式采用分组与个人相结合的方式。设计任务分组布置，每组成员若干名，一组一种设计条件。本组成员可互相讨论问题提出解决方案，以及相互对比设计成果，发现错误及时修正。但每个成员必须独立计算，独立绘制图表，独立撰写课程设计报告和独立进行答辩。

8.1.4　课程设计时间进程

设计时间：1 周。

（1）布置任务并进行任务讲解（0.5 天）。

（2）查资料，初步计算和方案选择（0.5 天）。

（3）方案及工艺设计计算（1.0 天）。

（4）平面图绘制（0.5 天）。

（5）高程图绘制（0.5 天）。

（6）撰写计算说明书（1.0 天）。

（7）整理课程设计报告书和准备答辩（0.5 天）。

（8）答辩（0.5 天）。

8.1.5 课程设计的教学方法

"污水处理课程设计"是一门理论性和综合性较强的专业课，先通过课堂讲授，使用多媒体、板书等方式，并结合案例分析，帮学生了解课程设计的内容、任务及设计要点等。平时加强与学生的互动沟通，及时解答学生的提问。在中间时间段进行中期检查和提问，及时了解学生的进展和困难，并给予指导。

8.1.6 课程设计成绩的评定方法及评分标准

评定方法：学生的成绩由三部分组成，即考勤等平时表现成绩（占总评成绩的 10%）+ 答辩成绩（占总评成绩 20%）+ 课程设计报告书成绩（占总评成绩的 70%）。

评分标准如下。

（1）平时考勤成绩：根据最初下达任务、中间抽查及最终答辩时的出席情况进行评定。

（2）答辩成绩：根据答辩时能否正确阐述设计技术路线、能否阐述基本概念、问题回答是否准确三方面进行评分。

（3）设计报告书成绩：根据设计报告书的内容完整性、文理通顺与叙述简洁性、计算与图表正确性、排版整洁美观性四方面进行评分。

（4）最后的成绩评定分优秀、良好、中等、及格和不及格五个标准。

8.2 污水处理课程设计任务书

8.2.1 设计任务及要求

1）设计资料

（1）城镇概况。A 镇东临 B 江，该镇在经济发展的同时，城市基础设施的建设未能与经济协同发展，城市污水处理率仅为 2.8%，大量的污水未经处理直接排入河流，使该镇的生态环境受到严重的破坏。为了把该镇建设成为经济繁荣、环境优美的现代化城镇，拟筹建污水处理厂一座，并已获上级计委批准。

污水处理厂规划服务人口分别为 9 万、10 万、11 万、12 万、13 万、14 万、

15 万人（按照分组不同，每组选择自己对应的人口规模进行设计），其出水进入 B 江，B 江属地面水Ⅲ类水体，要求排入的污水水质执行《污水综合排放标准》（GB 18918—2002）中的一级标准中的 B 类标准，主要水质指标为 COD ≤ 60 mg/L，BOD_5 ≤ 20 mg/L，SS ≤ 20 mg/L，TN < 20 mg/L，NH_3–N ≤ 15 mg/L，TP ≤ 1.0 mg/L。

（2）工程设计规模。

①污水量。该镇主要污水种类是生活污水，据统计和预测，该镇平均产生的污水水量为 200 L/（人·d）。

②污水水质。BOD_5 为 120 mg/L；SS 为 280 mg/L；COD 为 180 mg/L；NH_3–N 为 40 mg/L；TN 为 55 mg/L；TP 为 12 mg/L

污水温度：夏季 25 ℃，冬季 4 ℃，平均温度为 10 ℃。

（3）建设原则。要求采用 A²/O 工艺进行污水处理，整个工艺流程需要连贯、合理，各构筑物尺寸合适，并且工艺处理效率要达到治理要求。

2）设计任务

（1）设计流量及各水质参数去除率的计算方法。

（2）说明各处理构筑物工艺设计计算流程，及其工作特点。

（3）完成污水处理构筑物之间的水力计算及其高程设计。

（4）叙述构筑物总体布置的特点及依据说明。

3）设计要求

按学号排序，每 4 人一组，一组一题，但是每个人独立完成，在教师指导下，集中时间、集中地点完成。具体要求如下：

（1）设计前熟悉原始资料及总体设计原则。

（2）在设计过程中，要求学生认真复习相关的基本概念和原理知识。

（3）课程设计说明书内容完整、计算准确、论述简洁、文理通顺、装订整齐。

（4）课程设计图纸应能较好地表达设计意图，图面布局合理、正确、清晰、符合制图标准及有关规定。

（5）设计过程中应独立思考，在指导教师帮助下完成工作，严禁抄袭。

8.2.2 设计时间进度安排

设计时间为：1 周。

（1）布置任务并进行任务讲解（0.5 天）。

（2）查资料，进行初步计算和方案选择（0.5 天）。

（3）选定方案及进行工艺设计计算（1.0 天）。

（4）平面图绘制（0.5 天）。

（5）高程图绘制（0.5 天）。

（6）撰写计算说明书（1.0 天）。

（7）整理课程设计报告书和准备答辩（0.5 天）。

（8）答辩（0.5 天）。

8.3　污水处理课程设计指导书

8.3.1　基本设计过程

先熟悉原始资料，阅读有关规范、规定、参考书籍及资料，然后按如下步骤进行。

（1）整理给定的原始资料，计算污水处理厂的设计水量、各水质参数的去除率。

（2）根据 A^2/O 工艺设计的一般步骤，编制流程图；论述方案和选定方案。

（3）设计计算污水提升泵房，包括水泵总扬程、提升泵的参数及集水池的工艺尺寸。

（4）设计和计算一级（物理）处理构筑物的各项参数，计算方法参考《给水排水设计手册（第 5 册）：城镇排水》及《水质工程学》（下册）等。各构筑物所涉及的参数种类分别如下。

① 格栅：过栅流速、栅条间隙数、栅槽有效宽度、进水渠道渐宽部分长度、栅槽与出水渠道连接处的渐窄部分长度、过栅水头损失、栅后槽总高度、格栅总长度、每日栅渣量等。

② 沉砂池：高度、长度、宽度、水深贮泥区所需容积、沉砂斗各部分尺寸及容积等。

③ 初沉池：各部分容积、面积、深度等。

（5）设计和计算二级（生化）处理构筑物的各项参数，计算方法参考《给水排水设计手册（第 5 册）：城镇排水》及《水质工程学》（下册）等。各构筑物涉及的参数分别如下。

① 厌氧池：容积、面积、深度、长宽等。

② 缺氧池：容积、面积、深度、长宽等。

③ 曝气池：BOD 污泥负荷率、混合液污泥浓度（X）、曝气池容积、深度、长宽、需气量、供气量、供气设备的选型等。

④二沉池：各部分容积、面积、深度等。

（6）拟定污水处理厂的平面布置，绘制污水处理厂平面图（平面布置，应经指导教师审阅后确定）。

（7）根据处理厂平面图进行污水处理厂的水力高程计算，并绘制污水的高程图。

（8）整理和校核设计说明书。

8.3.2　设计成果要求

每人提交设计说明书一份、图纸两张。

1）设计说明书要求

（1）题目：某镇污水处理厂 A²/O 工艺设计。

（2）设计说明书格式。

➢ 封面（题目、指导教师姓名、所在专业班级、姓名、日期、设计负责人、设计成员）

➢ 目录

1　设计任务与设计资料

  1.1　设计任务与内容

  1.2　设计原始资料

2　污水处理工艺流程说明

  2.1　去除率的计算

  2.2　设计流量的计算

  2.3　污水处理工艺选择

  2.4　污水处理工艺流程确定

3　污水处理构筑物设计计算

  3.1　格栅

   3.1.1　格栅的分类与选择

   3.1.2　格栅的设计与计算

   3.1.3　格栅的设计图

  3.2　污水提升泵房

   3.2.1　提升泵的选择

   3.2.2　集水池

   3.2.3　泵房高度的确定

4.2　污水处理厂的高程布置

　　4.2.1　高程布置原则

　　4.2.2　污水处理构筑物高程计算

　　4.2.3　污水处理高程图

参考文献

2）格式要求

参见本书附录 1 中的报告书写格式。

3）图纸要求

　　图纸中应注明图名与比例尺，文字一律采用仿宋体，图中线条应粗细分明、主次分明，图右下角应留出标题栏。具体要求如下：

　　（1）厂区总平面图（1∶200～1∶500），图中应表示出各构筑物的确切位置，外形尺寸，相互距离，各构筑物之间连接管道的位置、管径、长度，其他附属构筑物（建筑物）的位置，厂区内各种管道的平面位置、厂区道路、绿化布置等。图中所给各种技术管道皆以单线表示，并应绘出相应的图例，注明各构筑物的名称。

　　（2）污水高程图（横比 1∶500～1∶1000；纵比 1∶50～1∶100），该图应标出各种构筑物的顶部标高、底部标高、水面标高，地面标高等。

范例

基本资料：

污水处理量：5 万 m^3/d，服务人口 8 万。

进水水质：BOD 为 200 mg/L；SS 为 250 mg/L；COD_r 为 450 mg/L；NH_3–N 为 20 mg/L；TN 为 35 mg/L。

出水水质要求：$BOD_5 \leqslant 20$ mg/L；SS $\leqslant 20$ mg/L；$COD_r \leqslant 60$ mg/L；NH_3–N $\leqslant 5$ mg/L；TN $\leqslant 10$ mg/L。

基本计算过程如下：

1）去除率的计算

　　（1）溶解性 BOD_5 的去除率。活性污泥处理系统处理水中的 BOD_5 由溶解性 BOD_5 和非溶解性 BOD_5 组成。取原污水 BOD_5 值（S_0）为 200 mg/L，经初次沉淀

池及缺氧池、厌氧池后，按降低 25% 考虑，则进入曝气池的污水，其 BOD_5 值（S_a）为

$$S_a = 200 \times (1-25\%) = 150 \text{ mg/L}$$

先按式

$$BOD_5 = 7.1bX_aC_e$$

计算处理水中的非溶解性 BOD_5 值，上式中：

C_e——处理水中悬浮固体浓度，取用综合排放一级标准 20 mg/L；

b——微生物自身氧化率，一般介于 0.05 ~ 0.1 之间，取 0.09；

X_a——活性微生物在处理水中所占比例，取值 0.4。

得非溶解性

$$BOD_5 = 7.1 \times 0.09 \times 0.4 \times 20 \approx 5.1 \text{ mg/L}$$

处理水中溶解性 BOD_5 值为 20-5.1 = 14.9 mg/L。

去除率：

$$\eta = \frac{150-14.9}{150} \approx 90\%$$

（2）COD_r 的去除率。

取入水 COD_r 为 450 mg/L， $\eta = \frac{450-60}{450} \times 100\% \approx 87\%$。

（3）SS 的去除率。

取入水 SS 为 250 mg/L， $\eta = \frac{250-20}{250} \times 100\% = 92\%$。

（4）氨氮的去除率。

出水中的氨氮为 5 mg/L，入水氨氮为 20 mg/L，氨氮的去除率为

$$\eta = \frac{20-5}{20} \times 100\% = 75\%$$

（5）TN 的去除率。

出水中的 TN 为 10 mg/L，入水 TN 为 35 mg/L，TN 的去除率为

$$\eta = \frac{35-10}{35} \times 100\% \approx 71\%$$

2）设计流量的计算

$$Q_{平} = 50\ 000 \text{ m}^3/\text{d} \approx 578.7 \text{ L/s} \approx 0.579 \text{ m}^3/\text{s}$$

根据表 8-1，K_z 取值 1.4，设计流量：

$$Q_{max} = 50\ 000 \text{ m}^3/\text{d} \times 1.4 = 70\ 000 \text{ m}^3/\text{d} = 0.810 \text{ m}^3/\text{s}$$

表8-1　平均日流量与总变化系数的关系

平均日流量（L/s）	5	15	40	70	100	200	500	≥ 1 000
总变化系数	2.3	2.0	1.8	1.7	1.6	1.5	1.4	1.3

3）格栅的设计计算

格栅用以去除废水中较大的悬浮物、漂浮物、纤维物质和固体颗粒物质，从而保证后续处理构筑物的正常运行，减轻后续处理构筑物的处理负荷。

（1）设计计算。

①确定格栅前水深（h）。

根据最优水力断面公式 $Q_1 = \dfrac{B_1^2 v_1}{2}$ 计算，得

栅前槽宽：

$$B_1 = \sqrt{\frac{2Q_1}{v_1}} = \sqrt{\frac{2 \times 0.810}{0.7}} \approx 1.521 \text{ m}$$

栅前水深：

$$h = \frac{B_1}{2} = \frac{1.521}{2} \approx 0.761 \text{ m}$$

②栅条间隙数（n）。

$$n = \frac{Q_1 \sqrt{\sin \alpha}}{bhv_2} = \frac{0.810\sqrt{\sin 60°}}{0.021 \times 0.761 \times 0.9} \approx 53 \text{（取 } n=53\text{）}$$

式中：

n——中格栅间隙数；

$Q_{\max}$——最大设计流量，0.810 m^3/s；

b——栅条间隙，取 20 mm，即 0.02 m；

h——栅前水深，取 0.761 m；

v_2——过栅流速，取 0.9 m/s；

α——格栅倾角，取 60°。

③栅槽有效宽度（B）。

$$B = s(n-1) + bn = 0.01 \times (53-1) + 0.021 \times 53 = 1.633 \text{ m}$$

④进水渠道渐宽部分长度（L_1）。

$$L_1 = \frac{B - B_1}{2\tan \alpha_1} = \frac{1.633 - 1.521}{2\tan 20°} \approx 0.154 \text{ m}（其中 } \alpha_1 \text{ 为进水渠展开角）}$$

⑤栅槽与出水渠道连接处的渐窄部分长度（L_2）。

$$L_2 = \frac{L_1}{2} = 0.077 \text{ m}$$

⑥过栅水头损失（h_1）。

设栅条断面为锐边矩形断面，则

$$h_1 = kh_0 = k\varepsilon \frac{v^2}{2g} \sin\alpha = 3 \times 2.42 \times \left(\frac{0.01}{0.021}\right)^{\frac{4}{3}} \times \frac{0.9^2}{2 \times 9.81} \sin 60° \approx 0.111 \text{ m}$$

式中：

h_0——计算水头损失；

k——系数，格栅受污物堵塞后，水头损失增加倍数，取 $k=3$；

ε——阻力系数，$\varepsilon = \beta(s/b)^{\frac{4}{3}}$，与栅条断面形状有关，当为矩形断面时 $\beta=2.42$。

⑦栅后槽总高度（H）。

取栅前渠道超高 $h_2=0.3$ m。

栅后槽总高度 $H=h+h_1+h_2=0.761+0.111+0.3=1.172$ m。

⑧格栅总长度（L）：

$$L = L_1 + L_2 + 0.5 + 1.0 + \frac{1.061}{\tan 60°} = 0.154 + 0.077 + 0.5 + 1.0 + \frac{1.061}{\tan 60°} \approx 2.344 \text{ m}$$

⑨每日栅渣量（W）。

污水流量总变化系数 k_2 为 1.4，则

$$W = \frac{86\,400 Q_{max} W_1}{1\,000 k_2} = \frac{86\,400 \times 0.810 \times 0.05}{1\,000 \times 1.4} \approx 2.499 \text{ m}^3/\text{d} > 0.2 \text{ m}^3/\text{d}$$

式中：W_1——栅渣量，单位为 $\text{m}^3/10^3\text{m}^3$，一般为每 $1\,000$ m^3 污水产 0.810 m^3，采用机械清渣。

4）污水提升泵房

（1）选泵。

①流量计算。

设计水量为 70 000 m³/d ≈ 2 916.7 m³/h，本设计拟选用 4 台潜污泵（3 用 1 备），则单台流量为

$$Q = \frac{Q_{max}}{3} = \frac{2\,916.7}{3} \approx 972.2 \text{ m}^3/\text{h}$$

②扬程的估算 $H = H_{静} + 2.0 + (1.5 \sim 2.0)$。

式中：

2.0 ——污水泵及泵站管道的水头损失，m；

1.5～2.0 ——自由水头的估算值，取 1.5 m；

$H_{静}$ ——水泵吸水井设计水面与水塔最高水位之间的测管高差，污水提升前水位为 –5 m，提升后水位为 4 m，所以 $H_{静}$=4–（–5）=9 m。

则水泵扬程为 $H = H_{静} + 2.0 + 1.5 = 9 + 2.0 + 1.5 = 12.5$（取13 m）。

③选泵。

由 Q=972.2 m³/h，H=13 m，故选用 300QW1000–25–110 型潜水排污泵，其各项性能参数如表 3–1 所示。

表3-1　300QW1000-25-110型潜水排污泵性能表

型　号	口径 （mm）	流量 Q （m³/h）	扬程 H （m）	转速 n (r/min)	轴功率 W （kW）	效率 （%）
300QW1000 –25–110	300	1 000	25	980	110	82

（2）集水池。

① 集水池形式。

集水池与泵房共建，属封闭式。

② 集水池容积计算。

a. 按泵最大流量时 5 min 的出水流量设计，则集水池的有效容积为

$$V=（1\,000/60）\times 5 \approx 83.3 \text{ m}^3$$

b. 取有效水深 H 为 2.5 m，则面积 $=Q/H=83.3/2.5=33.32$ m²。

集水池设为半圆形，则其半径为 $=(2\times F/\pi)^{0.5}=（2\times 33.32/3.14）^{0.5} \approx 4.6$ m(取 5 m)。

保护水深为 1.5 m，则实际水深为 4 m。

（3）泵房高度的确定。

①地下部分：取高度为 H_1=10 m。

②地上部分：

$$H_2=n+a+c+d+e+h=0.1+0.5+1.2+1+2+0.2=5.2 \text{ m}（取 6 \text{ m}）$$

式中：

n——一般不小于 0.1，取 0.1 m；

a——行车梁高度，取 0.5 m；

c——行车梁底至起吊钩中心距离，取 1.2 m；

d——起重绳的垂直长度，取 1 m；

e——最大一台水泵或电动机的高度，取 2 m；

h——吊起物底部与泵房进口处室内地坪的距离，取 0.2 m。

③泵房的高度为 $H = H_1 + H_2 = 10 + 6 = 16$ m。

5）曝气沉砂池的设计计算

曝气沉砂池可以控制污水的流速，使除砂效率稳定，同时对污水起预曝气作用。

（1）池子的有效容积（V）

由三废处理工程设计手册可知曝气沉砂池的最大流量的停留时间为 $1 \sim 3$ min，取 $t = 2$ min，则

$$V = Q_{max} \times t \times 60 = 0.810 \times 2 \times 60 = 97.2 \text{ m}^3$$

（2）水流断面积（A）：

$$A = \frac{Q_{max}}{v_1} = \frac{0.810}{0.1} = 8.10 \text{ m}^2$$

式中：v_1——最大设计流量时的水平流速，水平流速为 $0.06 \sim 0.12$ m/s，取 $v_1 = 0.1$ m/s。

（3）池总宽度（B）：

$$B = \frac{A}{h_2} = \frac{8.10}{2.5} = 3.24 \text{ m}$$

式中：h_2——设计有效水深，有效水深为 $2 \sim 3$ m，宽深比一般采用 $1 \sim 2$ m。

（4）每格池子宽度（b）。

设 $n = 2$ 格，则 $b = \frac{B}{n} = \frac{3.24}{2} = 1.62$ m。

（5）池长（L）：

$$L = \frac{V}{A} = \frac{97.22}{8.10} \approx 12 \text{ m}$$

（6）每小时的需空气量（q）：

$$q = d \times Q_{max} \times 3\,600 = 0.2 \times 0.810 \times 3\,600 = 583.2 \text{ m}^2/\text{h}$$

式中：d——1 m³污水所需空气量（m³/m³），一般采用 0.2。

（7）沉砂室所需容积（V）。

设 $T = 2d$，则

$$V = \frac{Q_{max} T \times 86\,400}{10^6} = \frac{0.810 \times 30 \times 2 \times 86\,400}{10^6} \approx 4.2 \text{ m}^3$$

式中：

x——城市污水沉沙量（$m^3/10^6 m^3$），一般取 30；

T——清除沉砂间隔时间（d）。

（8）每个沉砂斗容积（V_0）。设每一分隔有 4 个沉砂斗，则

$$V_0 = \frac{4.2}{4} = 1.05 \ m^3$$

（9）沉砂斗各部分尺寸。

设斗底宽 a_1=0.5 m，斗壁与水平面的倾角为 55°，斗高 h_3=0.35 m，则沉砂斗上口宽为

$$a = \frac{2h_3}{\tan 55} + a_1 = \frac{2 \times 0.35}{\tan 55 + 0.5} \approx 1.0 \ m$$

①沉砂斗容积：

$$V = \frac{h_3'}{6}(2a^2 + 2aa_1 + 2a_1^2) = \frac{0.35}{6} \times (2 \times 1^2 + 2 \times 1.0 \times 0.5 + 2 \times 0.5^2) \approx 0.20 \ m^3$$

②沉砂池高度。

采用重力排砂，设计池底坡度为 0.1，坡向沉砂斗，则沉砂池高度为

$$h_4 = h_3' + 0.1 l_2 = 0.35 + 0.1 \times (12 - 2) = 1.35 \ m$$

③池总高度（H）。

设超高 h_1=0.3 m，则池总高度为 $H = h_1 + h_2 + h_4 = 0.3 + 2.5 + 1.35 = 4.15 \ m$。

6）初沉池

（1）设计概述。

本设计中采用中央进水辐流式沉淀池两座，采用周边传动刮泥机。

表面负荷：q_b 范围为 1.5 ～ 3.0 $m^3/(m^2 \cdot h)$，取 q_b=2 $m^3/(m^2 \cdot h)$。

水停留时间（沉淀时间）：t=2 h=2/24 d。

（2）设计计算。

①沉淀池面积。

按表面负荷计算：

$$A = \frac{Q}{2q_b} = \frac{70\ 000}{2 \times 2 \times 24} \approx 729 \ m^2$$

②沉淀池直径：

$$D = \sqrt{\frac{4A}{\pi}} = \sqrt{\frac{4 \times 729}{3.14}} \approx 30.5 \ m > 16 \ m$$

有效水深为 h_2=$q_b t$=2.0 × 2=4 m，则

$$\frac{D}{h_2} = \frac{30.5}{4} \approx 7.6 \ （介于 6 ～ 12）$$

③沉淀部分有效容积：

$$V' = \frac{Q}{n} \times t = \frac{70\,000}{2} \times \frac{2}{24} \approx 2\,916.7 \text{ m}^3$$

④污泥部分所需的容积。

设 $S = 0.5/($人·d$)$，贮泥时间由于采用机械排泥 $T = 4$ h，则

$$V = \frac{SNT}{1\,000n} = \frac{0.5 \times 80\,000 \times 4}{1\,000 \times 2 \times 24} \approx 3.33 \text{ m}^3$$

⑤污泥斗容积。

设污泥斗上部半径 $r_1 = 2$ m，污泥斗下部半径 $r_2 = 1$ m，倾角为 $60°$，则 $h_5 =$
（$r_1 - r_2$）$\times \tan 60° = 1.73$ m，则污泥斗容积为

$$V_1 = \frac{\pi h_5}{3}(r_1^2 + r_1 r_2 + r_2^2) = 12.7 \text{ m}^3$$

⑥污泥斗以上圆锥体部分污泥容积。

设池底径向坡度为 0.05，则圆锥体的高度为

$$h_2 = (R - r_1)0.05 = (30.5 \div 2 - 2) \times 0.05 \approx 0.66 \text{m}$$

圆锥体部分污泥容积：

$$V_2 = \frac{\pi h_4}{3}(R^2 + R r_1 + r_1^2) = 184.3 \text{ m}^3$$

⑦污泥总容积：

$$V_1 + V_2 = 12.7 + 184.3 = 197 \text{ m}^3 > 3.33 \text{ m}^3$$

⑧沉淀池总高度。

设 $h_1 = 0.3$m，$h_3 = 0.5$ m，沉淀池总高度：

$$H = h_1 + h_2 + h_3 + h_4 + h_5 = 0.3 + 4 + 0.5 + 0.66 + 1.73 = 7.19 \text{ m}$$

7）厌氧池

（1）设计参数。

设计流量：$Q_{\max} = 70\,000$ m³/d$=0.810$ m³/s。

水力停留时间：$T = 1$ h。

（2）设计计算。

①厌氧池容积：

$$V = Q_{\max} \times T = 0.81 \times 1 \times 3\,600 = 2\,916 \text{ m}^3$$

②厌氧池尺寸：水深取 $h = 4.5$ m，则厌氧池面积：

$$A = \frac{V}{h} = \frac{2\,916}{4.5} = 648 \text{ m}^2$$

池长 B 取 50 m，则池宽 L=A/B=648/50=12.96，取 13 m。

设该厌氧池为双廊道式厌氧池，考虑 0.5 m 的超高，故池总高为

$$H = h + 0.5 = 4.5 + 0.5 = 5.0 \text{ m}$$

8）缺氧池计算

（1）设计参数。

设计流量：$Q_{max} = 70\ 000 \text{ m}^3/\text{d} \approx 0.810 \text{ m}^3/\text{s}$。

水力停留时间：$T = 1 \text{ h}$。

（2）设计计算。

①缺氧池容积：

$$V = Q_{max} \times T = 0.81 \times 1 \times 3\ 600 = 2\ 916 \text{ m}^3$$

②缺氧池尺寸。水深取为 $h = 4.5 \text{ m}$，则缺氧池面积：

$$A = \frac{V}{h} = \frac{2\ 916}{4.5} = 648 \text{ m}^2$$

池长取 50 m，则池宽 $L = A/B = 648/50 = 12.96$，取 13 m，考虑 0.5 m 的超高，故池总高为

$$H = h + 0.5 = 4.5 + 0.5 = 5.0 \text{ m}$$

9）曝气池设计计算

本设计采用传统推流式曝气池。

（1）曝气池的计算与各部位尺寸的确定。

①曝气池的 N_s 值按 BOD 污泥负荷率确定，则

$$N_s = \frac{k_2 S_e f}{\eta}$$

其中，k_2 值取 0.020 0，$S_e = 14.9 \text{ mg/L}$，$\eta = 0.91$，$f = 0.75$。代入各值，则

$$N_s = \frac{0.020\ 0 \times 14.9 \times 0.75}{0.91} \approx 0.246 \text{ BOD}_5/(\text{kgMLSS} \cdot \text{kg})$$

其中，N_s 取 0.25。

②确定混合液污泥浓度（X）。

根据已确定的 N_s 值，查图得相应的 SVI 值为 120～140，取值 140。

根据式

$$X = \frac{10^6}{\text{SVI}} \times \frac{R}{1+R} r$$

式中：

X——曝气池混合液污泥浓度；

R——污泥回流比。

取 $r = 1.2$，$R = 100\%$，代入得

$$X = \frac{10^6}{SVI} \times \frac{R}{1+R} r = \frac{10^6}{140} \times \frac{1 \times 1.2}{1+1} \approx 4\ 286\ \text{mg/L}$$

取 $X = 4\ 300$ mg/L。

③确定曝气池容积，由公式 $V = \dfrac{Q_{\max} S \alpha}{N_s X}$，代入各值得

$$V = \frac{70\ 000 \times 150}{0.25 \times 4\ 300} \approx 9\ 767\ \text{m}^3$$

根据以上计算，取曝气池容积 $V = 10\ 000$ m³。

④确定曝气池各部位尺寸。

名义水停留时间：

$$t_m = \frac{v}{Q} = \frac{10\ 000 \times 24}{70\ 000} \approx 3.43\ \text{h}$$

实际水停留时间：

$$t_s = \frac{v}{(1+R)Q} = \frac{10\ 000 \times 24}{(1+1) \times 70\ 000} \approx 1.71\ \text{h}$$

设有两组曝气池，每组容积为 $10\ 000/2 = 5\ 000$ m³，

池深 $H = 4.5$ m，则每组面积 $F = 5\ 000/4.5 \approx 1\ 111$ m²。

池宽取 $B = 8$ m，则 $B/H = 8/4.5 = 1.8$，介于 $1 \sim 2$ 之间，符合要求。

池长 $L = F/B = 1\ 111/8 = 139$ m。

设曝气池为五廊道式曝气池，则每廊道长：

$$L_1 = L/5 = 139/5 \approx 28\ \text{m}$$

取超高 0.5 m，则池总高为

$$H = 4.5 + 0.5 = 5.0\ \text{m}$$

（2）曝气系统的计算与设计。本设计采用鼓风曝气系统。

①需气量计算：

$$O_2 = aS_r + bN_r - 0.124bX_w - cX_w - 2.6N_d$$

式中：

O_2——需氧量；

a——BOD 的氧当量为 1.47，即降解 1 kg BOD_5 需氧 1.47 kg；

b——NH_4 的氧当量为 4.6，即完全氧化 1 kg NH_4 需氧 4.6 kg；

c——活性污泥的氧当量为 1.42，即 1 kgVSS 对应 1.42 kg 氧量的 BOD；

0.124——微生物体中氮含量的比例系数，即合成 1 kg 生物体需 0.124 kg 氮量；

2.6——还原 1 kg 硝酸盐氮需要 2.6 kg 氧量的 BOD；

S_r——BOD_5 去除量（kg/d）；

N_r——氨氮去除量（kg/d）；

X_w——每日产生的活性污泥量（kg/d）；

N_d——NO_x-N 的去除量（kg/d）。

每日平均去除的 BOD 值：$S_r = \dfrac{50\,000 \times (150 - 20)}{1\,000} = 6\,500 \text{ kg/d}$。

每日最大去除的 BOD 值：$S_r = \dfrac{70\,000 \times (150 - 20)}{1\,000} = 9\,100 \text{ kg/d}$。

每日平均去除 N_r 值，原水 NH_4^+-N 含量为 20 mg/L，出水 NH_4^+-N 含量为 5 mg/L，则

$$N_r = \frac{50\,000 \times (20 - 5)}{1\,000} = 750 \text{ kg/d}$$

日最大去除 N_r 值：

$$N_r = \frac{70\,000 \times (20 - 5)}{1\,000} = 1\,050 \text{ kg/d}$$

$$X_w = a(S_o - S_e)Q - bVX_v$$
$$= 0.55 \times \frac{(150 - 20)}{1\,000} \times 50\,000 - 0.05 \times 10\,000 \times 0.75 \times \frac{4\,300}{1\,000}$$
$$= 1\,962.5 \text{ kg/d}$$

式中：

a——污泥产泥系数，kg/kg BOD_5，一般为 0.55；

S_o，S_e——进出反应池的 BOD_5 浓度，mg/L；

Q——污水日平均流量，m^3/d；

b——污泥自身氧化速率，d^{-1}，一般取 0.05 d^{-1}；

X_v——反应池挥发性悬浮固体 VSS 浓度，mg/L，$X_v = fX$；

f——系数，一般为 0.75；

X——MLSS 浓度，mg/L。

日平均需氧量：

$$O_2 = aS_r + bN_r - 0.124bX_w - cX_w - 2.6N_d$$
$$= 1.47 \times 6\,500 + 4.6 \times 750 - 0.124 \times 4.6 \times 1962.5 - 1.42 \times 1962.5 - 2.6 \times 0$$
$$= 9\,099 \text{ kg/d}$$

日最大需氧量：

$$O_{2\max} = aS_r + bN_r - 0.124bX_w - cX_w - 2.6N_d$$
$$= 1.47 \times 9100 + 4.6 \times 1050 - 0.124 \times 4.6 \times 1962.5 - 1.42 \times 1962.5 - 2.6 \times 0$$
$$= 14301 \text{ kg/d}$$

最大时需氧量与平均时需氧量之比：

$$\frac{O_{2\max}}{O_2} = \frac{14\,301}{9\,099} = 1.6$$

（3）供气量的计算。

采用中微孔空气扩散器，敷设于距池底 0.2 m 处，淹没水深 4.3 m。

①空气扩散器出口的绝对压强（p_b）：

$$p_b - p + 9.8 \times 10^3 H$$

式中：

p——大气压强，取 $1.013 \times 10^5\,\text{Pa}$；

H——空气扩散装置的安装深度（m）。

$$p_b = 1.013 \times 10^5\,p_a + 9.8 \times 10^3 \times 4.3 = 1.434 \times 10^5\,\text{Pa}$$

②空气离开曝气池面时，氧的百分比：

$$O_t = \frac{21 \times (1 - E_A)}{79 + 21 \times (1 - E_A)}\% \times 100\%$$

其中，E_A 为空气扩散装置的氧转移效率，取 10%，代入得

$$O_t = \frac{21 \times (1 - 0.1)}{79 + 21 \times (1 - 0.1)}\% = 19.3\%$$

③曝气池混合液中平均氧饱和度（最不利温度为 30℃）：

$$C_{sb(T)} = C_S \left(\frac{p_b}{2.026 \times 10^5} + \frac{O_t}{42} \right)$$

其中，C_S 为大气压力下氧的饱和度（mg/L），则

$$C_{sb(30)} = 7.63 \times \left(\frac{1.434 \times 10^5}{2.026 \times 10^5} + \frac{19.3}{42} \right) = 7.63 \times (0.708 + 0.460) \approx 8.91\ \text{mg/L}$$

④换算为在 20 ℃的条件下脱氧轻水的充氧量，即

$$R_0 = \frac{RC_{S(20)}}{a[\beta\rho C_{sb(T)} - C]1.024^{(T-20)}}$$

取值 $a = 0.85$，$\beta = 0.95$，$C = 2$，$\rho = 1.0$。

代入各值，得

$$R_0 = \frac{9\,099 \times 9.17}{0.85 \times (0.95 \times 1.0 \times 8.91 - 2) \times 1.024^{(30-20)}} = 11978\ \text{kg/d} = 499\ \text{kg/h}$$

相应的最大时需氧量为

$$R_{0(\max)} = \frac{14\,301 \times 9.17}{0.85 \times (0.95 \times 1.0 \times 8.91 - 2) \times 1.024^{(30-20)}} = 18\,826\ \text{kg/d} = 784\ \text{kg/h}$$

⑤曝气池的平均时供气量：

$$G_S = \frac{R_0}{0.3E_A} \times 100 = \frac{499}{0.3 \times 10} \times 100 = 1.7 \times 10^4 \ \text{m}^3 / \text{h}$$

⑥曝气池最大时供气量：

$$G_S(\max) = \frac{R_{\max}}{0.3E_A} \times 100 = \frac{784}{0.3 \times 10} \times 100 = 2.6 \times 10^4 \ \text{m}^3 / \text{h}$$

⑦每立方米污水供气量：

$$\frac{2.6 \times 10^4}{70\,000} \times 24 = 8.9 \ \text{m}^3$$

（4）空气管系统计算。

采用鼓风曝气系统，网状膜空气扩散装置，总压力损失设计取值为 9.8 kPa。

空气扩散装置安装在距曝气池底 0.3 m 处，则鼓风机所需压力为

$$p = 9.8 + (4.5 - 0.3) \times 9.8 \times 1 = 50.96 \ \text{kPa}$$

鼓风机供气量：最大时供气量为 $21.5 \times 10^3 \ \text{m}^3/\text{h}$；平均时供气量为 $11.7 \times 10^3 \ \text{m}^3/\text{h}$。

根据所需压力和供气量，决定采用 RG-400 型鼓风机 3 台，2 用 1 备。

10）二沉池

（1）设计概述。

本设计中采用中央进水辐流式沉淀池 4 座，则每座设计进水量：Q=17 500 m^3/d=729 m^3/h。

表面负荷：q_b 取 1.2 $\text{m}^3/\ (\text{m}^2 \cdot \text{h})$。

水力停留时间（沉淀时间）：T=2.5 h。

（2）设计计算。

①每座沉淀池面积：

按表面负荷计算：$A = \dfrac{Q}{q_b} = \dfrac{175\,00}{1.2 \times 24} \approx 608 \ \text{m}^2$。

②沉淀池直径：$D = \sqrt{\dfrac{4A}{\pi}} = \sqrt{\dfrac{4 \times 608}{3.14}} \approx 27.8 \ \text{m}$。

有效水深为 $h_2 = q_b T = 1.2 \times 2.5 = 3 \ \text{m} < 4 \ \text{m}$，则

$$\frac{D}{h_2} = \frac{27.8}{3} \approx 9.3 \ （介于 6 \sim 12）$$

③污泥斗容积。

设污泥斗上部半径 $r_1 = 1 \ \text{m}$，污泥斗下部半径 $r_2 = 0.5 \ \text{m}$，倾角为 60°，则 $h_5 =$ $(r_1 - r_2) \times \tan 60° \approx 0.87 \ \text{m}$，则污泥斗容积为

$$V_1 = \frac{\pi h_5}{3}(r_1^2 + r_1 r_2 + r_2^2) = 4.8 \ \text{m}^3$$

④污泥斗以上圆锥体部分污泥容积。

设池底径向坡度为 0.05，则圆锥体的高度为

$$h_4 = (R - r_1) \times 0.05 = (27.8 \div 2 - 2) \times 0.05 = 0.6 \text{ m}$$

圆锥体部分污泥容积为

$$V_2 = \frac{\pi h_4}{3}(R^2 + Rr_1 + r_1^2) = 130.7 \text{ m}^3$$

⑤污泥总容积：

$$V_1 + V_2 = 4.8 + 130.7 = 135.5 \text{ m}^3$$

（6）沉淀池总高度。

设 $h_1 = 0.3$ m，$h_3 = 0.5$ m，沉淀池总高度为

$$H = h_1 + h_2 + h_3 + h_4 + h_5 = 0.3 + 3 + 0.5 + 0.6 + 0.87 = 5.27 \text{ m}$$

本章主要参考文献：

[1] 姜应和，谢永波 . 水质工程学（下册）[M]. 北京：机械工业出版社，2010.

[2] 朱月海 . 水处理技术设备设计手册 [M]. 北京：中国建筑工业出版社，2013.

[3] 上海市政工程设计研究院 . 给水排水设计手册 (第 5 册): 城镇排水 [M]. 北京：中国建筑工业出版，2003.

[4] 韩剑宏，于衍真，邱立平 . 水工艺处理技术与设计 [M]. 北京：化学工业出版社，2007.

[5] 中华人民共和国住房和城乡建设部 . 建筑给水排水制图标准：GB/T 50106—2010[S]. 北京：中国建筑工业出版，2010.

[6] 中国工程建设标准化协会组织 . 建筑给水排水设计规范：GB50015—2003[S]. 北京：中国建筑工业出版，2009.

第 9 章　城市防洪与排涝课程设计

9.1　城市防洪与排涝课程设计教学大纲

学分/学时：1 学分/1 周

课程类型：独立设置实践环节

考核方式：考查

开课学期：秋季学期（大四第一学期）

先修课程：工程水文学、水泵与水泵站、水资源利用与管理、城市防洪与排涝

后续课程：无

9.1.1　课程性质与教学目标

1）课程性质

"城市防洪与排涝课程设计"是"城市防洪与排涝"课程教学计划中的一个有机组成部分，是课堂教学环节的继续、深入和发展，是培养学生综合应用所学知识，分析解决工程中实际问题的重要环节。

2）教学目标

通过课程设计实践培养学生树立正确的设计思想，帮助学生加深对所学原理的理解，达到真正掌握所学知识的目的。通过集中设计训练使学生受到综合训练，在不同程度上提高查阅文献、处理工程设计实际问题、撰写设计计算说明书的能力；能够在团队中做好个体、团队成员以及负责人等不同角色，正确运用语言、文字的表达能力；了解科技与社会创新的基本知识、原理和方法，具有初步的创新实践能力；能够就工程问题与业界同行及社会公众进行有效沟通和交流，包括

撰写报告和设计文稿、陈述发言、清晰表达或回应指令的能力。

9.1.2 选题的原则

课程设计的选题应当与生产实际紧密联系，应具有代表性和典型性，能充分反映"城市防洪与排涝"课程的基本内容且分量适当。所选题目应该较多地反映基础理论课程的教学内容，是生产实践中具有代表性、典型性的题目，使学生能够得到本课程知识范围内较全面的技能训练。

课程设计要求4人一组，一组一题，在教师指导下，集中时间、集中地点完成。

9.1.3 课程设计内容

对某地区进行城市防洪排涝规划，确定防洪排涝标准，拟订规划方案。

（1）设计前熟悉原始资料及规划原则。

（2）在设计过程中，要求学生认真复习相关的基本概念和原理知识。

（3）课程设计报告书内容完整，计算准确，论述简洁，文理通顺，装订整齐。

（4）要求每个学生均需完成。

（5）计算说明书一份，要求书面整洁、文理通顺、论证合理、层次分明、计算无误。设计图纸两张，要求布置合理、图面整洁、按绘图规定制作。

9.1.4 课程设计时间进程

课程设计时间为1周，安排如下：

（1）布置任务并进行任务讲解（0.5天）。

（2）查资料，初步计算和选择方案（0.5天）。

（3）防洪设计计算（1.5天）。

（4）排涝设计计算（0.5天）。

（5）CAD制图（0.5天）。

（6）撰写计算说明书（1天）。

（7）成果整理、准备答辩（0.5天）。

9.1.5 课程设计的教学方法

"城市防洪与排涝"课程设计是城市防洪与排涝课程的重要实践性环节，课程设计过程以学生主动提出问题为主，同时结合课堂教学、现场指导、讨论、答疑等方式共同实施。课程设计以培养学生树立正确的设计思想为重点，有效训练学生城市防洪排涝计算的基本技能，提升他们的工程计算能力。

9.1.6　课程设计成绩的评定方法及评分标准

城市防洪与排涝课程设计成绩相对于城市防洪与排涝课程考试成绩是独立的，单独记学分。根据学生的平时表现、设计态度、设计质量、答辩情况综合评定学生课程设计的成绩。

课程设计考核方式：课程设计根据平时考勤、计算说明书和设计图纸完成情况评定考核。凡成绩不合格者必须重修。

课程设计成绩评定标准：学生的成绩由三部分组成，即平时成绩、计算说明书的考核成绩、设计图纸的考核成绩。平时成绩占总评成绩的30%，根据考勤、设计过程中检查学生的基本概念是否清楚、是否独立完成设计等几方面进行评分；计算说明书的考核成绩占总评成绩的55%，评分标准是计算说明书内容是否完整、准确，书写是否工整；设计图纸的考核成绩占总评成绩的15%，评分标准是设计图纸内容是否完整、正确，图纸表达是否符合规范。课程设计的成绩按优秀、良好、中等、及格和不及格五级评定。

9.2　城市防洪与排涝课程设计任务书

9.2.1　设计任务及要求

1）设计资料

设计题目为A镇城市防洪排涝初步规划设计，根据《A镇建设总体规划（2020—2030年）》，规划镇区的面积为8.24 km²。本次防洪排涝规划的河流对象为A镇范围内的水系——B溪，B溪自某水库以下至汇流口共计2 km，流域汇流面积为150 km²，汇流至水位为12 m的河流中。河道糙率按治理后的断面确定为0.028。要求对B溪河段的防洪规划进行初步设计。

在《A镇建设规划设计方案》中，镇区内新规划建设的C溪的主要功能是在汛期排除镇区涝水，在非汛期作为景观河道，根据排涝标准规划C溪排涝流量，设计梯形断面尺寸，具体如表9-1至表9-3所示。

表9-1　课程设计分组表及相应参数

组　别	洪水标准（年）	区　域	沿流程的平均比降 J（‰）	综合径流系数 C	涝水标准（年）	μ（mm）
1～3	30	沿海区	3, 4, 5	0.5	10	
4～6	30	内陆区	3, 4, 5	0.54	10	
7～9	20	沿海区	3, 4, 5	0.58	5	
10～12	20	内陆区	3, 4, 5	0.62	5	3
13～15	10	沿海区	3, 4, 5	0.66	5	
16～18	10	内陆区	3, 4, 5	0.7	5	
19～20	20	沿海区	3, 4	0.66	5	

表9-2　设计暴雨相关分组参数

参　数	24 h
EX（1–3，7–9，13–15）	200 mm
EX(4–6，10–12，16–18)	150 mm
EX(19–20)	180 mm
C_V	0.43
C_S/C_V	3.5

表9-3　大断面数据

断面1		断面2	
起点距	断面高程（m）	起点距	断面高程（m）
0	15	0	15
10	9	10	9
80	9	130	9
90	15	140	15

2）设计任务

（1）计算部分。

① 根据提供的防洪设计标准分析计算河道出口断面在防洪标准下的设计洪峰流量。

② 根据提供的过流断面数据计算断面水力参数，并计算水面线。

③ 规划设计堤防顶部高程。

④ 规划设计河段断面。

⑤ 绘制 CAD 图纸，编制计算说明书。

（2）图纸部分。

① 绘制 B 溪纵断面图。

② 绘制 C 溪设计横断面图。

纵断面和横断面图图上应注明断面位置，设计频率的水面线高程。图纸尺寸、标题栏等均应按给水排水制图标准绘制。

3）设计要求

（1）完成要求。课程设计要求 4 人一组，一组一题，在教师指导下，集中时间、集中地点完成。

① 培养学生严谨的科学态度、严肃认真的学习和工作作风，树立正确的设计思想，形成科学的研究方法。

② 培养学生独立工作的能力，包括收集设计资料、综合分析问题、理论计算、数据处理、工程制图、文字表达等能力。

③ 通过课程设计使学生得到较为全面的规划设计初步训练。

④ 使学生掌握防洪排涝课程设计的一般程序，学会灵活地处理复杂的工程问题。

⑤ 使学生学会编写"计算说明书"，按规范和标准绘制有关图纸。

（2）成果要求。计算说明书一份，要求书面整洁、文理通顺、论证合理、层次分明、计算无误。设计图纸两张：B 溪纵断图和 C 溪横断面图，要求布置合理、图面整洁，按绘图规定制图。

9.2.2　设计时间进度安排

课程设计时间为 1 周，安排如下：

（1）布置任务并进行任务讲解（0.5 天）。

（2）洪水、防洪措施现状调研（0.5 天）。

（3）防洪设计计算（1.5 天）。

（4）排涝设计计算（0.5 天）。

（5）CAD 制图（0.5 天）。

（6）撰写计算说明书（1 天）。

（7）成果整理、准备答辩（0.5 天）。

9.3 城市防洪与排涝课程设计指导书

9.3.1 设计成果要求

每人提交课程设计报告书一份，要求书面与图表整洁美观、文理通顺、层次分明、计算无误，并按照指定时间与地点参加课程设计的个人答辩。

1）报告内容要求

题目：A 镇城市防洪排涝初步规划设计

➢ 封面（指导教师姓名、所在专业班级、第几设计组、姓名、日期、设计者）

➢ 目录

1 工程概况与设计任务：

  1.1 工程概况及原始资料；

  1.2 设计任务；

2 计算说明书：

  2.1 城市防洪排涝现状及存在问题：

    2.1.1 洪涝灾害；

    2.1.2 防洪排涝现状；

    2.1.3 目前存在的问题；

  2.2 规划水平年与规划标准

  2.3 设计暴雨。

  2.4 设计洪水。

    2.4.1 推理计算方法；

    2.4.2 推求洪峰流量；

    2.4.3 推求断面水力参数。

  2.5 水面线推求：

2.5.1　计算方法；

2.5.2　进行水面线推求；

2.6　堤顶高程拟定。

2.7　排涝规划。

2.7.1　排涝水文计算；

2.7.2　排涝过流断面设计；

3　设计感想。

4　参考文献。

2）格式要求

参见本书附录1中的报告书写格式。

9.3.2　设计要点的分析与解决方案

1）了解任务书、阅读分析基本资料

（1）明确设计任务。

（2）分析基本资料。

洪灾：洪灾是由于江、河、湖、库水位猛涨，堤坝漫溢或溃决，使客水入境给城市造成损失。

涝灾：洪灾是由于城区降雨地表径流不能及时排出，造成淹没损失。

城市防洪和排涝规划是指在城市降雨规律和雨洪水径流理论的基础上，以国家及行业规范为准则进行城市防洪系统的规划设计和管理，编制"××城市防洪规划报告"。

2.防洪排涝现状和存在问题

（1）洪涝灾害现状，以往洪涝、潮灾害简况。

（2）防洪排涝现状，影响城市防洪排涝安全的有关河道、湖泊、水库、蓄洪区和滞洪区的情况；防洪、排涝、排水、防潮工程和非工程设施；城市防洪排涝现状能力和标准，历史大洪水。

（3）目前存在的问题。

查阅相关资料，针对家乡所在的城市防洪排涝现状和问题进行阐述，要求每人不同。

3）规划目标与任务

（1）规划范围。规划范围仍为上文提到的A镇范围内的水系B溪。

（2）规划水平年与规划标准。规划水平年：近期为 2020 年，远期为 2030 年。

（3）规划任务。进行 A 镇区境内溪流河段的防洪和排涝规划。

4）设计暴雨

因为小流域设计洪水需要的是洪峰流量，所以此部分需要计算 S_P，主要采用如下公式：

$$X_{24P} = 1 + \phi C_v \text{EX} \tag{9-1}$$

$$S_P = X_{24P} \cdot 24^{(n_2-1)} \tag{9-2}$$

式中：

S_P——设计频率暴雨雨力（汇流历时内的最大地表净雨），mm/h；

C_v——变差系数；

EX——多年平均降雨量，mm；

ϕ——离均系数；

X_{24P}——设计频率 24 h 历时的降雨量，mm；

n_2——暴雨递减指数。

5）设计洪水

一般根据有关水文站的观测、调查资料和所在地区历史大洪水的雨情及水情等资料设计洪水过程。

小流域普遍缺乏暴雨和流量资料，特别是后者。这里的小流域通常指集雨面积不超过数百平方千米的小河、小溪，但并无明确限制。另外，小型工程对洪水的调节能力较小，工程规模主要受洪峰流量控制，对设计洪峰流量的要求远高于对设计洪水过程的要求。因此，本课程设计采用"推理计算法"。

（1）推理法公式。根据产流历时大于、等于或小于流域汇流历时 τ，可分为全面汇流与局部汇流两种公式形式。

综合形式：

$$Q_{m,P} = 0.278\varphi \frac{S_P}{\tau^n} F \tag{9-3}$$

式中：

$Q_{m,P}$——设计洪峰流量，m³/s；

φ——洪峰流量径流系数；

S_P——设计频率暴雨雨力，mm/h；

τ——流域汇流时间，h；

F——流域面积，km²；

n——暴雨衰减指数，0.6。

当产流历时 $t_c \geq \tau$ 时，属于全面汇流情况，则

$$\varphi = 1 - \frac{u}{S_P}\tau^n \qquad (9\text{-}4)$$

$$Q_{m,P} = 0.278\varphi\frac{S_P}{\tau^n}F = 0.278\left(\frac{S_P}{\tau^n} - \mu\right)F \qquad (9\text{-}5)$$

当产流历时 $t_c < \tau$ 时，属于部分汇流情况，则

$$\varphi = n\left(\frac{t_c}{\tau}\right)^{1-n} \qquad (9\text{-}6)$$

$$Q_{m,P} = 0.278\varphi\frac{S_P}{\tau^n}F = 0.278\frac{nS_Pt_c^{1-n}}{\tau}F \qquad (9\text{-}7)$$

$$\tau = 0.278\frac{L}{mJ^{1/3}Q_{m,P}^{1/4}} \qquad (9\text{-}8)$$

式中：

m——经验性的汇流参数，在沿海区，当 $\theta \geq 1.5$ 时，$m = 0.053\theta^{0.809}$，当 $\theta < 1.5$ 时，$m = 0.063\theta^{0.384}$；在内地区，当 $\theta \geq 1.5$ 时，$m = 0.039\theta^{0.712}$，当 $\theta < 1.5$ 时，$m = 0.045\theta^{0.335}$。

$$\theta = \frac{L}{J^{1/3}F^{1/4}} \qquad (9\text{-}9)$$

式中：

θ——反映沿流程水力特性的经验指数；

L——沿主河道从出口断面至分水岭的最长距离；

J——沿流程 L 的平均比降。

（2）推理法计算——图解法。

①通过对设计流域调查，结合水文手册及流域地形图，确定流域的几何特征参数 F,L 和 J，设计暴雨的统计参数（均值、C_v、C_s/C_v）及暴雨公式中的参数 n（或 n_1，n_2）、损失参数 μ 及汇流参数 m。

②采用全面汇流公式，将参数代入公式中，仅剩下 Q_m 和 τ 未知。

③用图解交叉点法求解，获得两线交叉点对应的 Q_m 和 τ。

④检查是否满足全面汇流情况，即是否满足产流历时 $t_c \geq \tau$。

$$t_c = \left[\frac{(1-n)S_P}{\mu}\right]^{\frac{1}{n}} \qquad (9\text{-}10)$$

6）水面线推求计算

采用《给水排水设计手册（第 7 册）：城镇防洪》的计算方法（第 217 ～ 224 页）。

（1）起始水位拟定。一般选择下游出口断面水位，本次设计取 12 m。

（2）推求水面线计算方法。水面曲线基本方程：

$$Z_1 + \frac{a_1 v_1^2}{2g} - h_f - h_j = Z_2 + \frac{a_2 v_2^2}{2g} \tag{9-11}$$

式中：

Z_1，Z_2——上游断面和下游断面的水位高程 (m)；

h_f，h_j——沿程水头损失和局部水头损失；

a_1，a_2——上游断面和下游断面的动能修正系数；

v_1，v_2——上游断面和下游断面的平均流速。

在单式断面中，可令 $a_1 \approx a_2 \approx 1.0$。

沿程水头损失 h_f：一般采用均匀流沿程水头损失的公式计算河道渐变流的 h_f，则

$$h_f = \bar{J}L \tag{9-12}$$

式中：

$\bar{J}$——河段的平均水力坡降；

L——计算河道长度，m。

根据曼宁公式：

$$v = \frac{1}{n} R^{2/3} J^{1/2} \tag{9-13}$$

$$J = \frac{n^2 v^2}{R^{4/3}} \tag{9-14}$$

$$\bar{J} = \frac{J_1 + J_2}{2} = \frac{1}{2}\left(\frac{n_1^2 v_1^2}{R_1^{\frac{4}{3}}} + \frac{n_2^2 v_2^2}{R_2^{\frac{4}{3}}} \right) \tag{9-15}$$

若河槽断面是由不同糙率的滩地和主槽组成的复式断面，则根据不同的糙率将复式断面分为几个不同的部分，计算各部分的流量模数 K_i。

$$K_i = \frac{Q}{\sqrt{J}} = \frac{A \cdot R^{2/3}}{n} \tag{9-16}$$

$$J = \left(\frac{Q}{\sum K_i} \right)^2 \tag{9-17}$$

（3）试算法。推求河道水面线的方法有许多，常用的有试算法和图解法。试算法计算步骤如下：

$$Z_1 + \frac{a_1 v_1^2}{2g} - h_f - h_j = Z_2 + \frac{a_2 v_2^2}{2g} \tag{9-18}$$

$$E_1 - h_f - h_j = E_2 \quad\quad (9-19)$$

①根据已知的下游断面水位 Z_2 可求得水力半径 R_2，v_2 和 E_2。

②假定上游断面水位为 Z_1'，则可求得 R_1，v_1 和 E_1。

③计算两个断面之间的平均水力坡降 $\bar{J}$。

④根据 $\bar{J}$ 和 L 计算沿程水头损失。

⑤若满足 $E_1 - h_f - h_j = E_2$，则假设的 Z_1' 即为所求的 Z_1，若 $E_1 - h_f - h_j > E_2$，则假设的 Z_1' 偏大，反之偏小，要重复上述计算，直至相等为止。

⑥在第二次试算的时候可利用第一次试算水位修正值 ΔZ 修正 Z_1'，使新假定的 $Z_1'' = Z_1' \pm \Delta Z$，一般修正一次即可。

$$\Delta Z = \frac{\Delta E}{1 - aF_r^2 + \dfrac{3JL}{2R}} \quad\quad (9-20)$$

式中：

ΔZ ——水位修正值，m；

ΔE ——第一次试算的总水头误差，m；

J，R——第一次试算中上游断面的坡降和水力半径；

L——两断面间的距离；

F_r——上游断面的弗鲁德数。

当为单式断面时，$\alpha \approx 1.0$，则 $\alpha F_r^2 = \dfrac{2}{R}\left(\dfrac{\alpha v^2}{2g}\right)$ \quad\quad (9-21)

当为复式断面时，则

$$\alpha = \frac{\left(\sum A_i\right)^2 \sum\left(K_i^3 / A_i^2\right)}{\left(K_i\right)^3} \quad\quad (9-22)$$

$$v = \frac{Q}{\sum A_i} \quad\quad (9-23)$$

⑦ 根据提供的断面数据（200 m 间隔一个断面，共计 11 个过流断面），采用提供的"大断面计算程序"计算，获得不同水位高程的湿周、河宽、过水断面面积和水力半径。

7）堤顶高程拟定

根据《堤防工程设计规范》（GB 50286—1998）的规定，堤顶高程按水位（H_p）加上堤顶超高 Y 确定，具体采用编制的堤顶高程 Excel 表格计算。

$$Z_p = H_p + Y \quad\quad (9-24)$$

$$Y = R + e + A \quad\quad (9-25)$$

式中：H_p——设计洪水位；

　　Y——堤顶高程，m；

　　R——设计波浪爬高，m；

　　e——设计风雍增水高度，m；

　　A——安全加高，m。

8）排涝水文计算

根据市区涝水观测资料分析内涝成因和特性，对所在地区历史上大涝年份的雨情和城市涝情等资料进行排涝规划。

（1）福建省排涝特点。根据福建省城市的排涝特点，可将其分为沿海、沿江、沿溪三类。沿海城市外江受潮水顶托，可利用低潮位排水，故以建排涝挡潮闸为主；沿江城市地处大中河流沿岸，外江集雨面积大，洪水峰高量大，洪水历时较长，外江受洪水长时间顶托，自排不畅，需建排涝站抽排，辅以闸排；沿溪城市地处山区河流沿岸，外江洪水暴涨暴落，峰高量不大，外江洪水高水位时间很短，排涝以自排为主，主要建排涝闸，辅以小型排涝站。福建省各城市建排涝闸、排涝泵站已初见成效。

（2）排涝计算方法。排涝水文分析计算方法一般有排涝模数计算和推理计算法等。

城市涝水流量计算参照《给水排水设计手册》第 7 册中的公路科学研究所经验公式，式中的 C 和 S 参数采用课程设计提供的综合径流系数和涝水标准，F 为镇区面积。

（3）排涝断面设计。根据景观设计需求并综合考虑排涝对河段断面进行最终设计，河道断面规划形式如图 9-1 所示。

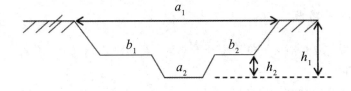

图 9-1　断面规划示意图

为满足景观设计的需要，将主槽宽度 a_2 设定为 10 m，b_1 和 b_2 设定为 1.5 m，h_2 为 1 m，坡度定为 1∶1。

此次河道为新规划河道，糙率 n 取值为 0.034，根据地形等高线图 J 为 9‰，结合曼宁公式进行河道断面的初步设计。

9）其他问题

（1）图纸表达必须符合给水排水制图标准 GB/T 50106—2010。

（2）其他注意事项见课程设计任务书。

附录　城市防洪设计实例

一、基本资料

（一）项目背景

X 河位于某市长江右岸，属于长江的一级支流，原河全长 3.2 km，是该市东部片区主要的排洪通道，也是城市规划确定的溪河生态景观廊道。近期受开发建设的影响，大范围的场地平整使大量的弃土被抛入河中，河流改道和盖河现象较为严重，极大地改变了天然河道的河流走向和河势，原有河道已被掩埋，现在 X 河的行洪能力和河道防洪能力基本不能满足要求。X 河上游和下游两岸大部分维持了原有的环境特色，中游河段由于建设需要破坏了以河流为主体的湿地生态系统，河水得不到及时排出形成死水，破坏了居住环境和城市形象，也降低了河流的景观价值。

无论从城市防洪方面，还是生态环境保护及城市景观要求方面都应及时对 X 河实施整治，同时要对工程涉河建筑物进行行洪能力及河势影响评价，需要编制 X 河河道整治后的防洪影响评价报告。

（二）技术路线

本次工程主要是对 X 河的河道整治方案进行防洪影响评价。针对本工程特点，技术路线如下：

（1）依据规范确定本工程的防洪标准，进行水文分析与水文计算，确定本次工程所在的河段的设计洪水。

（2）针对河道整治工程实施后的情况，采用明渠恒定非均匀流能量方程推算工程河道水面线。本次 X 河防洪工程以滨江路涵洞为控制断面，以相应频率的长江设计洪水位作为该河段下游的起始水位；再根据工程河段的建设方案由下到上分段推算设计洪水水面线。

（3）根据本次工程推算的水面线结果评价本次工程对河道的行洪能力是否有影响，如有则评价其影响大小。

（三）主要工作内容

根据规定，针对本项目的具体情况，主要工作内容如下。

（1）水文分析计算内容：

①水文资料的收集与分析；

②进行水文分析计算，并分析其合理性；

③提供设计频率的洪水成果。

（2）河道水面线计算内容。利用明渠恒定非均匀渐变流能量方程计算河道水面线：

①据河道的情况合理布置断面；

②对现状桥洞、涵洞进行过流能力计算，确定控制断面及水位；

③推算工程修建后河段 50 年一遇洪水水面线。

（四）项目基本情况和河道整治工程概况

1. 项目基本情况

X 河河道整治工程范围从规划小区接头处（桩号 0+000）至长江汇口（桩号 2+578），整治河段总长 2 578 m。

根据《防洪标准》（GB 50201—1994）有关规定，该区为Ⅲ等中等城市，防洪标准为 50 ～ 100 年一遇洪水标准。经综合考虑，X 河防洪工程防洪等级确定为 50 年一遇洪水标准。

2. 河道整治工程概况

为了达到河流综合整治的目标，使其不但为城市防洪服务，而且成为城市的山水景观格局里一个重要元素，根据河流流经城市的不同功能区以及自然景观形态将 X 河分成 A，B，C，D，E 五个不同的功能地段。

A 段：该段为 X 河源头部分，为整条河流的水源涵养带，对现状的植物群落进行保护，并因地制宜地补充植栽（未列入本次整治论证范围）。

B 段：该段为 X 河流经某部队围墙外围被渠化的部分，止于某公司正对面，以满足泄洪要求为主。

C 段：西起某公司正对面，止于某中学东侧，以城市泄洪和景观建设为主。开辟市民和学生休憩观景、游玩、健身娱乐场地和亲水空间。

D 段：自某中学东侧至某大道（污水处理厂），河床较陡，沟谷较深，地理落差大，在满足泄洪功能的前提下，营造跌瀑景观。

E 段：西起某大道（污水处理厂），东止滨江路，沟谷深邃，易受长江洪水的影响。河岸以保留自然岸坡为主，局部考虑亲水性，打造滨河开放性景观空间。

X 河全河长 3.2 km，河床平均坡降约为 22‰，从源头到入江口高差约 70 m，上下游段河床均较陡，中游段河床较为平缓。整治河道起点为规划小区与某部队围墙接头处（桩号 0+000），高程 220 m，终点为滨江路涵洞出口（桩号 2+578），高程 188 m，整治河道长 2.578 km，河床平均纵坡为 12.3‰。在不对原河床进行大的挖填的前提下，分段对河床进行了概化，各河段河床纵坡及控制高程如表9-4所示。

表9-4　X治理河床纵坡及控制高程表

河段名	桩号 (m)	河床高程 (m)	河床纵坡 (i)	备　注
B 河段	0+000 ～ 0+352	220.00 ～ 218.00	0.005 7	部队围墙段
C 河段	0+352 ～ 0+507	218.00 ～ 216.00	0.013	南干道段
	0+507 ～ 1+276	216.00 ～ 209.70	0.008 2	
	1+276 ～ 1+771	209.70 ～ 207.40	0.004 6	某中学校内段
D 河段	1+771 ～ 1+953	207.40 ～ 198.40	0.049 5	河床为分级跌水
E 河段	1+953 ～ 2+130	198.40 ～ 197.40	0.005 6	污水处理厂段
	2+130 ～ 2+339	197.40 ～ 191.80	0.026 8	入江口段
	2+339 ～ 2+578	191.80 ～ 188.00	0.016	

注：高程为黄海高程，与航测图相同；A 段为 X 河源头水源涵养带，未列入本次论证范围。

二、防洪评价

（一）水文分析计算

1. 设计暴雨

由于气候原因，本地区产生洪水的原因主要是因为 5—9 月份的暴雨较多。因 X 河流域无实测暴雨资料，故分别采用某区气象站 1979—2008 年实测短历时暴雨系列和《某省中小流域暴雨洪水计算手册》进行频率计算，可用 P–Ⅲ型频率曲线适线，统计参数可由适线法得出。暴雨参数分析计算结果如表 9–5 所示。

表9-5 暴雨参数分析成果表　　　　　　　　单位：mm

站　名	最大 24h		最大 6h		最大 1h		最大 1/6h	
	均值	C_v	均值	C_v	均值	C_v	均值	C_v
手册	100	0.50	76	0.48	40	0.43	16.5	0.35
某气象站	81.8	0.379	66.6	0.33	43.3	0.344	16.0	0.354

注：$C_s = 3.5 C_v$。

2. 设计洪水

设计洪水的计算主要采用由暴雨推算设计洪水的方法。本阶段分别采用《某省中小流域暴雨洪水计算手册》短历时暴雨参数和某气象站实测短历时暴雨资料，按《某省中小流域暴雨洪水计算手册》中推理公式法进行推算。

在工程区上游虽然规划建设了魏家沟水库，有一定的滞洪能力，但是该工程规模小，从城区安全角度考虑，在洪水计算中未计及该水库的滞洪作用。为使计算成果更加精确，利用暴雨洪水计算软件算得 X 河流域设计洪水成果，具体如表9-6 所示。

表9-6 X工程河段设计洪水成果表

断　面	集雨面积（km²）	暴雨资料	设计洪峰流量（m³/s）	
			$P=2\%$	$P=5\%$
部队营房	1.96	手册	48.4	39.7
		某气象站	46.9	39.2
某中学	3.26	手册	74.2	60
		某气象站	71.8	58.7
入江口	3.78	手册	88.3	74.9
		某气象站	85	72.3

（二）推求洪水水面线

由于工程河道为小溪，平面尺度小，河道整治后河道断面较为规则，故可采用一维数学模型演算法计算壅水高度。本次对幸福河工程河段的 50 年一遇设计洪水位进行推算。

1. 水面线计算公式

河道水面线推算按明渠恒定非均匀渐变能量方程，在相邻两断面之间建立方程，从入江口往上游推算。

具体如下：

$$Z_1 = Z_2 + \frac{\alpha v_2^2}{2g} + h_f + h_w - \frac{\alpha v_1^2}{2g} \tag{9-26}$$

式中：

Z_1，Z_2——上、下游断面水位，m；

v_1，v_2——上、下游断面过水流速，m^2/s；

$h_f = \frac{v^2 l}{c^2 R}$——上、下游断面之间的沿程水头损失，$c$ 为谢才系数，用曼宁公式

计算 $c = \frac{1}{n} R^{\frac{1}{6}}$，$l$ 为河长；

$h_w = \xi \left(\frac{v_2^2}{2g} - \frac{v_1^2}{2g} \right)$——上下游之间的局部水头损失，m，$\xi$ 为局部水头损失系

数，根据水力计算手册，在顺直河段 $\xi = 0$，在收缩河段，因为水流不发生回流，局部水头损失很小，可以忽略不计，故 $\xi = 0$，河槽急剧扩大时，取 $\xi = -0.6$，g 为重力加速度，取 9.81 m/s^2。

2. 计算条件

（1）糙率的取值。X 河防洪工程整治后，河岸为自然生态岸坡加干砌石镇脚，自然河床，且有卵石和水生草类，根据《水力计算手册》，糙率值取 0.03。

（2）控制断面水位。

①起始断面水位。幸福河末端控制断面为滨江路涵洞，进口为无翼墙门式端墙进口（桩号 2+519），通过大断面数据可得，当设计流量为 $Q = 88.3 \, m^3/s$ 时，水深为 $h_0 = 192.85 - 189 = 3.85 \, m$，过水面积 $A = 19.3 \, m^2$，$v_0 = \frac{Q}{A} = \frac{88.3}{19.3} = 4.575 \, m^2/s$，涵洞洞身净高 $h_t = 4.65 \, m$，涵洞宽 $B = 3.3 \, m$，涵洞面面积 $A_1 = \frac{\pi \times 1.65^2}{2} + 3.3 \times 3$ $\approx 14.18 \, m^2$。

临界水深：

$$h_k = \left(\frac{\alpha Q^2}{B^2 g} \right)^{\frac{1}{3}} \tag{9-27}$$

式中：

 α ——流量修正系数，$\alpha = 1.0 \sim 1.1$，取 1.0；

 B——涵洞宽度，m；

 Q——设计流量，m^3/s；

 g——重力加速度，m/s^2，取 9.81。

所以，

$$h_k = \left(\frac{1 \times 88.3^2}{9.81 \times 3.3^2}\right)^{\frac{1}{3}} = 4.18\,m \tag{9-28}$$

涵洞前水深：

$$H_0 = \left(\frac{2\varphi^2 + 1}{2\varphi^2}\right) h_k \tag{9-29}$$

式中：

 φ ——流速系数，查表得 $\varphi = 0.80$；

 H_0 ——洞前总水头，m。

$$H_0 = \frac{2 \times 0.8^2 + 1}{2 \times 0.8^2} \times 4.18 = 7.446\,m \tag{9-30}$$

此时，$\dfrac{H_0}{h_t} = \dfrac{7.446}{4.65} \approx 1.6 > 1.5$，所以该涵洞是有压涵洞，$\dfrac{h_t}{H_0} = \dfrac{4.65}{7.446}$ $\approx 0.624 < 0.75$，所以该涵洞出流方式为自由出流。

排洪流量：

$$Q_1 = \varphi A_1 \sqrt{2g(H_0 - h_t)} \tag{9-31}$$

所以

$$Q_1 = 0.80 \times 14.18\sqrt{2 \times 9.81 \times (7.446 - 4.65)} = 84.02\,m^3/s \tag{9-32}$$

则洞内平均流速 $v_1 = \dfrac{Q_1}{A_1} = \dfrac{84.02}{14.18} = 5.925\,m/s$。

水头损失：

$$h_j = \frac{\xi v^2}{2g} \tag{9-33}$$

$$h_f = \frac{v^2 l}{c^2 R} \tag{9-34}$$

$$C = \frac{1}{n} R^{\frac{1}{6}} \tag{9-35}$$

式中：

h_j——局部水头损失，m；

h_f——沿程水头损失，m；

ξ——局部水头损失系数，取 0.5；

v——流速，m/s；

c——谢才系数，n 为糙率，取 0.03；

R——水力半径，m。

$$R = \frac{A}{X} = \frac{14.18}{14.68} \approx 0.966 \text{ m} \tag{9-36}$$

$$h_j = \frac{0.5 \times 5.925^2}{2 \times 9.81} \approx 0.895 \text{ m} \tag{9-37}$$

$$C = \frac{1}{0.03} \times 0.966^{\frac{1}{6}} \approx 33.142 \tag{9-38}$$

$$h_f = \frac{5.925^2 \times 59}{33.142^2 \times 0.966} \approx 1.95 \text{ m} \tag{9-39}$$

则起始断面设计洪水位：

$$H_0 = 长江P = 2\%时洪水位 + h_f + h_j = 198.30 \text{ m} + 1.95 \text{ m} + 0.895 \text{ m} = 201.145 \text{ m}$$

② 1+771 控制断面水位。X 河在桩号 1+771 处河床由缓变陡，1+771 ~ 1+953 河段河床平均纵坡大于设计洪水时的临界纵坡，在该断面处水流形态由缓流过渡为急流，并呈跌水形式。设计洪水的临界水深在 1+771 断面附近发生，以临界水流的计算公式计算得该断面设计洪水位为 210.01 m（h_k=2.61 m）。

3. 水面线推求

将 X 河计算河段剖分为若干断面，以控制断面水位按照上式从下游向上游逐段推算各断面的设计洪水位。1+953 ~ 2+519 河段以起始断面设计洪水位向上游推算，0+000 ~ 1+771 河段以 1+771 控制断面设计水位向上游推算。在有缩小行断面的桥涵进口断面设计洪水位叠加了壅水高度。利用水库冲淤及回水水面线计算程序可得 X 河工程河段设计洪水水面线，计算成果如表 9-7 所示。

表9-7 幸福河工程河段设计洪水水面线计算成果表

河段名	桩号 (m)	流量 (m³/s)	河床高程 (m)	设计洪水位 (m)	备 注
B 河段	0+000 ~ 0+352	48.4	220.00 ~ 218.00	222.690 ~ 220.037	部队围墙段

河段名	桩号 (m)	流量 (m³/s)	河床高程 (m)	设计洪水位 (m)	备 注
C 河段	0+352 ～ 0+507	74.2	218.00 ～ 216.00	220.037 ～ 218.015	
	0+507 ～ 1+276	74.2	216.00 ～ 209.70	218.015 ～ 212.406	南干道段
	1+276 ～ 1+771	74.2	209.70 ～ 207.40	212.406 ～ 210.01	某中学段
D 河段	1+771 ～ 1+953	74.2	207.40 ～ 198.40	210.01 ～ 201.521	
E 河段	1+953 ～ 1+996	88.3	198.40 ～ 198.16	201.521 ～ 201.433	津柏大道涵洞
	1+996 ～ 2+130	88.3	198.20 ～ 197.40	201.433 ～ 201.247	污水处理厂段
	2+130 ～ 2+339	88.3	197.40 ～ 191.80	201.247 ～ 201.148	
	2+339 ～ 2+519	88.3	191.80 ～ 188.92	201.148 ～ 201.146	
	2+519 ～ 2+578	88.3	188.92 ～ 188.00	201.146 ～ 198.30	滨江路涵洞

（三）岸顶高程复核

工程所在地多年平均最大风速 $V_0 = 15.0 \, \text{m/s}$，最大吹程取 $L = 30 \, \text{m}$，正常运用计算风速 $W = 1.5 \times V_0 = 22.5 \, \text{m}$，计算平均水深 3 m，岸坡为 1：3.0，则计算的最大设计波浪爬高 R_m，

$$R_m = \frac{K_\Delta K_\omega}{\sqrt{1+m^2}} \sqrt{h_m L_m} \qquad (9-40)$$

式中：

R_m——平均波浪爬高；

R_m——最大设计波浪爬高，根据《碾压式土石坝设计规范》中表 A.1.13，$P = 2\%$ 时，$R_m = 2.07 \times R_m$；

m——坡度系数，为 1/3；

K_Δ——斜坡的粗糙率渗透系数，根据《碾压式土石坝设计规范》中表 A.1.12-1，得 $K_\Delta = 0.9$；

K_ω——经验系数，根据 $\dfrac{W}{\sqrt{gH}} = \dfrac{22.5}{\sqrt{9.81 \times 3}} \approx 4.15$，查《碾压式土石坝设计规范》中表 A.1.12-2，可得 $K_\omega = 1.28$；

h_m——平均波高，计算公式采用莆田公式

$$\frac{gh_m}{W^2} = 0.13\text{th}\left[0.7\left(\frac{gH_m}{W^2}\right)^{0.7}\right]\text{th}\left\{\frac{0.0018\left(\frac{gD}{W^2}\right)^{0.45}}{0.13\text{th}\left[0.7\left(\frac{gD}{W^2}\right)^{0.7}\right]}\right\} \quad (9-41)$$

式中：

H_m——风区内水域平均深度，取 3 m，可得 $h_m = 0.072$ m；

L_m——平均波长，计算公式为 $L_m = \frac{gT_m^2}{2\pi}$，其中，$T_m = 4.438h_m^{0.5} = 1.195$，可得 $L_m = 2.229$ m。

$$R_m = \frac{0.9 \times 1.28}{\sqrt{1 + \left(\frac{1}{3}\right)^2}} \times \sqrt{0.072 \times 2.229} = 0.44 \text{ m} \quad (9-42)$$

$$R = 2.07 \times 0.44 = 0.91 \text{ m} \quad (9-43)$$

根据《堤防工程设计规范》（GB 50286—1998）规定，当防洪标准为 50 年一遇时，堤防工程级别为 2 级，考虑到本工程规模小，两岸地势较高，遭受洪灾损失及影响较小的特点，本堤防工程按 4 级建筑物设计，故安全超高取 0.3 m；计算得堤顶超高为 1.2 m。岸顶高程复核计算成果如表 9-8 所示。

表9-8　X河治理岸顶高程复核计算成果表

河段名	桩号 (m)	设计洪水位 (m)	计算岸顶高程 (m)	设计岸顶高程 (m)
B河段	0+000 ~ 0+352	222.690 ~ 220.037	223.890 ~ 221.237	223.9 ~ 221.3
C河段	0+352 ~ 0+507	220.037 ~ 218.015	221.237 ~ 219.215	221.3 ~ 219.3
	0+507 ~ 1+276	218.015 ~ 212.406	219.215 ~ 213.606	219.3 ~ 213.7
	1+276 ~ 1+771	212.406 ~ 210.01	213.606 ~ 211.21	213.7 ~ 211.3
D河段	1+771 ~ 1+953	210.01 ~ 201.521	211.21 ~ 202.721	211.3 ~ 202.8

河段名	桩号 (m)	设计洪水位 (m)	计算岸顶高程 (m)	设计岸顶高程 (m)
E河段	1+953 ~ 1+996	201.521 ~ 201.433	202.721 ~ 202.633	202.8 ~ 202.7
	1+996 ~ 2+130	201.433 ~ 201.247	202.633 ~ 202.447	202.7 ~ 202.5
	2+130 ~ 2+339	201.247 ~ 201.148	202.447 ~ 202.348	202.5 ~ 202.4
	2+339 ~ 2+519	201.148 ~ 201.146	202.348 ~ 202.346	202.4 ~ 202.4
	2+519 ~ 2+578	201.146 ~ 198.30	202.346 ~ 199.50	202.4 ~ 199.5

从表 9-8 可以看出，各河段拟定的设计岸顶高程均高于计算所需的岸顶高程，并与周边的地形地貌以及已成永久性建筑物（公路、桥梁、街道、校园等）相协调，表明前面拟定的河岸高度等是合理的。

三、结论

按照《防洪标准》（GB 50201—1994）的有关规定，某区为Ⅲ等中等城市，防洪标准规定为 50 ~ 100 年一遇。《某区防洪总体规划》确定的某城区防洪标准为 50 年一遇洪水标准。故某区 X 河防洪工程防洪标准确定为 50 年一遇洪水标准与规划和《防洪标准》要求是相符合的。

X 河河道整治工程基本行洪断面河底宽度拓宽成 5 ~ 7 m，水面宽 10.6 ~ 15 m，并对被填埋河段进行深挖疏浚，清除阻洪建筑物，设计洪水位 200.15 ~ 221.44 m，各河段较现状均有所降低，且计算河岸顶高程均低于周边地面高程。工程实施后，工程河段能够满足 50 年一遇洪水标准的行洪要求。

本章主要参考文献：

[1] 尹学农. 城市防洪规划设计与管理 [M]. 北京：化学工业出版社，2014.

[2] 中华人民共和国水利部. 堤防工程设计规范：GB 50286—2013[S]. 北京：中国计划出版社，2013.

[3] 中国市政工程西南设计院. 给水排水设计手册（第 7 册）：城镇防洪 [M]. 北京：中国建筑工业出版社，2000.

[4] 中华人民共和国水利部．防洪标准：GB 50201—2014[S]．北京：中国计划出版社，2014.

[5] 中华人民共和国水利部．城市防洪工程设计规范：GB/T 50805—2012[S]．北京：中国计划出版社，2012.

[6] 水利部水利水电规划设计总院．治涝标准：SL 723—2016[S]．北京：水利部，2016.

附录 1　报告书写格式

使用 A4 复印纸输出，左边装订。上边距为 2.5 cm，左边距为 2.5 cm，右边距为 2 cm，下边距为 2 cm。

（1）目录

"目录"页码用"– Ⅰ –""– Ⅱ –"等罗马数字格式连续编排，页码居中；从正文第一页开始用阿拉伯数字"1""2"…格式连续编排，页码居中。

目录独立成页，"目录"二字用小三号黑体字，居中，下空一行为目录内容，用小四号宋体字，1.5 倍行距，页码放在行末，目录内容和页码之间用虚线连接。

（2）正文

正文字体：宋体、小四号。字符间距：标准。行距：1.5 倍。

章标题以小三号黑体居中打印；"章"下空 1 行为"节"，以四号黑体字左起打印；"节"下空 1 行为"小节"，以小四号黑体字左起打印。各章节序号编制可采取以下格式：

第 1 章
1.1
1.1.1

图：图题中文字为五号宋体。引用图应在图题的左上角标出文献来源。图号按章顺序编写，如"图 3–1"为第 3 章第 1 图。如果图中含有几个不同部分，应将分图号标注在分图的左上角，并在图题下注明各部分内容，图题放在图下方，用小四号宋体字。

表格：表格按章顺序编号，如"表 3–1"为第 3 章第 1 表。表应有表题，表内必须按规定的符号注明单位。表中文字可根据需要采用小于小四号的字体，表题放在表上方，用小四号宋体字。

正文中的图、表与其图题、表题应为一个整体，不得拆开排写于两页。

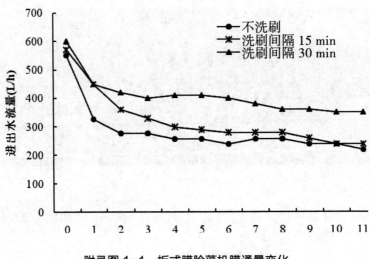

附录图 1-1　板式膜除藻机膜通量变化

图形、表格通排，即图、表占一行；全文的图、表应分别按章顺序编写，居图、表幅宽中间位置。如"图 1-1 ×××""图 2-1 ×××""表 1-1 ×××""表 2-1 ×××"，图名、表名与序号之间空一个字符，其中表格建议采用三线表（顶线和底线为 1.5 磅，中线为 1 磅），但倘若数据繁多，如汇总降雨、流量等大量水文数据的表格，为了避免混乱，可根据实际情况不采用三线表。

附录表 1-1　板式膜除藻机试验方案

	1	2	3
洗刷间隔（min）	–	15	30
洗刷时长（s）	–	10	10
取样间隔（min）	15	15	15
进水频率（Hz）	30	30	30
进水压力（MPa）	0.11	0.11	0.11

正文中公式应采用公式编辑器编写，若有多个公式时，全文应按照章节编号，编号靠右，如

$$\frac{1}{2} J_0 \omega_{\min^2} = mgh_4 - mgh_4 \cos(\alpha \pm \theta) \quad\quad\quad （1-1）$$

附录2　水资源利用与管理课程设计计算表格模板

附录表2-1　三站逐年的降雨量与汛期雨量平均值计算表

单位：mm

年　份	县水文站		县气象站		三河闸水文站		年平均雨量	汛期平均雨量
	年雨量	汛期雨量	年雨量	汛期雨量	年雨量	汛期雨量		
1985								
1986								
1987								
1988								
1989								
1990								
1991								
1992								
1993								
1994								
1995								
1996								
1997								
1998								
1999								

续表

年　份	县水文站		县气象站		三河闸水文站		年平均雨量	汛期平均雨量
	年雨量	汛期雨量	年雨量	汛期雨量	年雨量	汛期雨量		
2000								
2001								
2002								
2003								
2004								
2005								
2006								
2007								
2008								
2009								
2010								
2011								
2012								
2013								
2014								
2015								
2016								
2017								

附录表2-2 年降雨量算术平均的频率计算结果

年　份	年平均雨量（mm）	排　序	频率（%）

附录表2-3 *片区地表水资源量

单位：10^4m^3

月　份	日　期	现状年	P=50%	P=75%	P=95%
1					
2					
3					
4					
5					
6	1～5				
	6～10				
	11～15				
	16～20				
	21～25				
	26～30				
7	1～5				
	6～10				
	11～15				
	16～20				
	21～25				
	26～30				
8	1～5				
	6～10				
	11～15				
	16～20				
	21～25				
	26～30				

月 份	日 期	现状年	P=50%	P=75%	P=95%
9	1～5				
	6～10				
9	11～15				
	16～20				
	21～25				
	26～30				
10					
11					
12					

备注："＊"代表A，B，C，D，E，F片区中的任何一个片区，下同。

附录表2-4 ＊片区不同代表年过境水量表

单位：10^4m^3

仇集大涧				
	现状水平年	平水年	枯水年	特枯水年
过境水量				
年降雨量				

附录表2-5 *片区地表水资源总量

单位：10⁴m³

月 份	日 期	当地地表水资源量				过境水资源量			
		现状年	P=50%	P=75%	P=95%	现状年	P=50%	P=75%	P=95%
1月									
2月									
3月									
4月									
5月									
6月上	上旬								
6月中	中旬								
6月下	下旬								
7月上	上旬								
7月中	中旬								
7月下	下旬								
8月上	上旬								

月 份	日 期	当地地表水资源量						过境水资源量				
		现状年	$P=50\%$	$P=75\%$	$P=95\%$	现状年		$P=50\%$	$P=75\%$	$P=95\%$		
8月中	中旬											
8月下	下旬											
9月上	上旬											
9月中	中旬											
9月下	下旬											
10月												
11月												
12月												
Σ												

附录表2-6　*片区面积分类

单位：10^4m^3

片区名	总面积	陆地面积	其　中		
			山区	平原	水面

附录表2-7　*片区地下水资源量

单位：10^4m^3

	现状年	$P=50\%$	$P=75\%$	$P=95\%$
山区				
平原				
合计				

附录表2-8　*片区水资源总量计算成果表

单位：10^4m^3

	现状年	$P=50\%$	$P=75\%$	$P=95\%$
当地地表水资源量				
过境水资源量				
地下水资源量				
水资源总量				

表附录2-9　*片区居民生活需水量

总需水	*片区城镇居民	*片区农村居民
定额/L/((人·d))		
人数（万人）		
总额（万 m^3）		

附录表2-10 *片区生活需水量

单位：$10^4 m^3$

项 目	需水量
该片区城镇居民	
该片区农村居民	
该片区牲畜	
合计	
月平均	

附录表2-11 *片区工业需水量

行政面积比	
＿＿（亿元）	
q（m^3/万元）	
全县工业年用水量（万 m^3）	
该片区工业年用水量 W_1（万 m^3）	
该片区工业每月用水量 W_{1j}（万 m^3）	

附录表2-12 *片区平均降雨量

单位：mm

时 间	*片区			
	现状年	$P=50\%$	$P=75\%$	$P=95\%$
4月上旬				
4月中旬				
4月下旬				
5月上旬				
5月中旬				
5月下旬				

续 表

时 间	* 片区			
	现状年	P=50%	P=75%	P=95%
6月上旬				
6月中旬				
6月下旬				
7月上旬				
7月中旬				
7月下旬				
8月上旬				
8月中旬				
8月下旬				
9月上旬				
9月中旬				
9月下旬				

附录表2-13　水稻秧田期与泡田期的灌溉相关参数

秧田期渗漏量 S_1（mm/日）	秧田期田间需水量（mm）	插秧时所需水层深度 a（mm）	泡田期渗漏量 S_2（mm/日）	泡田期田间需水量（mm/日）

附录表2-14　*片区水稻田秧田期与泡田期的灌水定额

单位：m³/亩

	现状年	P=50%	P=75%	P=95%
秧田期降雨量 P_1（mm）				
秧田期灌水定额（m³/亩）				
泡田期降雨量 P_2（mm）				
泡田期灌水定额（m³/亩）				

附录表2-15 *片区大田期的田间耗水量

单位：mm

时　段	逐日田间耗水量				时段内田间耗水量E			
	现　状	50%	75%	95%	现　状	50%	75%	95%
6月上旬								
6月中旬								
6月下旬								
7月上旬								
7月中旬								
7月下旬								
8月上旬								
8月中旬								
8月下旬								
9月上旬								
9月中旬								
9月下旬								

单位：mm

附录表2-16 现状年*片区大田期水量平衡计算

现状年 时间	适宜上限 h max	适宜下限 h min	雨后最大蓄水深度 h_p	$P_{适}$	h_2	h_i	P	E	h_i+P-E	m	C
6月上旬											
6月中旬											
6月下旬											
7月上旬											
7月中旬											
7月下旬											
8月上旬											
8月中旬											
8月下旬											
9月上旬											
9月中旬											
9月下旬											

备注：$P=50\%$、$P=75\%$、$P=95\%$ 的大田期水量平衡计算表格同表 2-1⑥。

附录表2-17 *片区农业需水量（P=50%）

水利用系数									
$P=50\%$	秧田期（m³/亩）	泡田期（m³/亩）	大田期（m³/亩）	水田总灌水定额（m³/亩）	水田毛灌溉定额（m³/亩）	该片区水田灌水量（m³/亩）	该片又旱作物（10⁴m³）	该片区农业用水（10⁴m³）
1月								
2月								
3月								
4月								
5月								
6月上旬								
6月中旬								
6月下旬								
7月上旬								
7月中旬								
7月下旬								
8月上旬								
8月中旬								
8月下旬								

续 表

水利用系数								
P=50%	秧田期（m³/亩）	泡田期（m³/亩）	大田期（m³/亩）	水田总灌水定额（m³/亩）	水田毛灌溉定额（m³/亩）	该片区水田灌水量（m³/亩）	该片区旱作物（10⁴m³）	该片区农业用水（10⁴m³）
9月上旬								
9月中旬								
9月下旬								
10月								
11月								
12月								
合计								

备注：P=75%、95%的＊片区农业需水量的计算表格同表2—17。

附录表2-18   P=50%时的各类需水量

单位：10⁴m³

月份	日期	* 片区 (P=50%)				总需水量
		$W_{生活用水}$	$W_{工业用水}$	$W_{水稻田用水}$	$W_{旱作物用水}$	
1						
2						
3						
4						
5						
6	上旬					
	中旬					
	下旬					
7	上旬					
	中旬					
	下旬					
8	上旬					
	中旬					
	下旬					
9	上旬					
	中旬					
	下旬					
10						
11						
12						
合计						

备注：P=75%、95%时的各类需水量计算表格同表2-18。

附录表2-19　该县*片区兴利库容情况调查表

单位：$10^4 m^3$

片区	兴利库容	初始蓄水量

附录表2-20　该县*片区提水工程供水情况调查表

单位：$10^4 m^3$

片区	提水能力	现状年提水量

表附录2-21　该县*片区水井工程供水情况调查表

单位：$10^4 m^3$

片区	供水能力	现状年实际开采量		
		合计	工业用水	生活用水

附录表2-22　*片区水资源供需平衡分析计算(P=50%, 75%, 95%)　(单位: 10⁴m³)

月份	日期	需水量	当地地表水量	地表可供水量	地表余水	地表缺水	时段初水库蓄水量	水库可供水量	水库缺水	过境水量	过境供水能力	过境水可供水量	过境水缺水	地下时段初水量	地下水供水能力	地下水可供水量	可供水总量	缺水量	缺水率(%)
1																			
2																			
3																			
4																			
5																			
6	上旬																		
	中旬																		
	下旬																		
7	上旬																		
	中旬																		
	下旬																		
8	上旬																		
	中旬																		
	下旬																		

续表

月份	日期	需水量	当地地表水量	地表可供水量	地表余水	地表缺水	时段初水库蓄水量	水库可供水量	水库缺水	过境水量	过境供水能力	过境水可供水量	过境水缺水	地下时段初水量	地下水供水能力	地下水可供水量	可供水总量	缺水量	缺水率(%)
9	上旬																		
	中旬																		
	下旬																		
10																			
11																			
12																			
总计																			
全年缺水率(%)																			

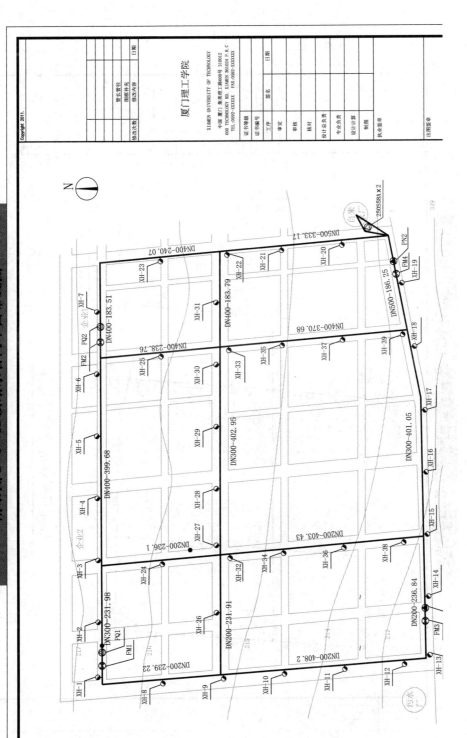

附录图 2-1　A 镇给水管网平面布置图

附录图 2-2　A镇给水管网最高日最高时平差计算图

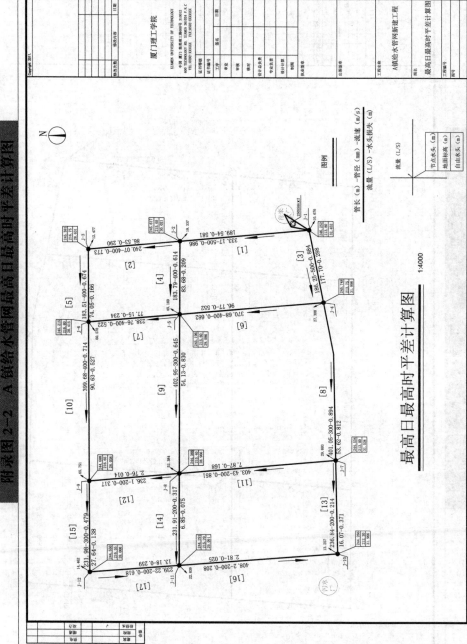

最高日最高时平差计算图

1:4000

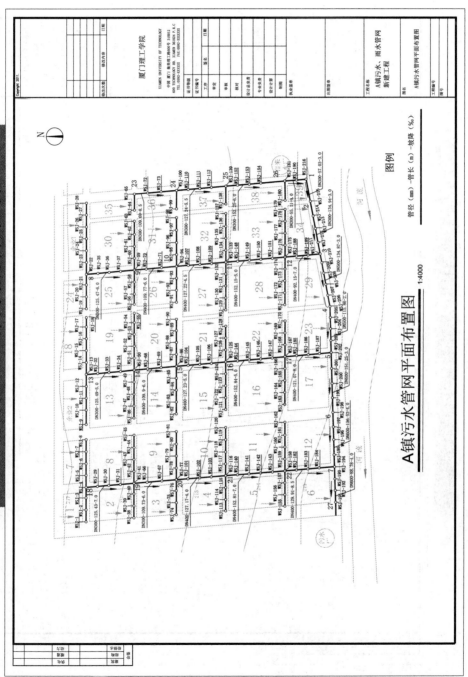

附录图 2-3　A 镇污水管网平面布置图

附录图 2-4　A 镇雨水管网平面布置图

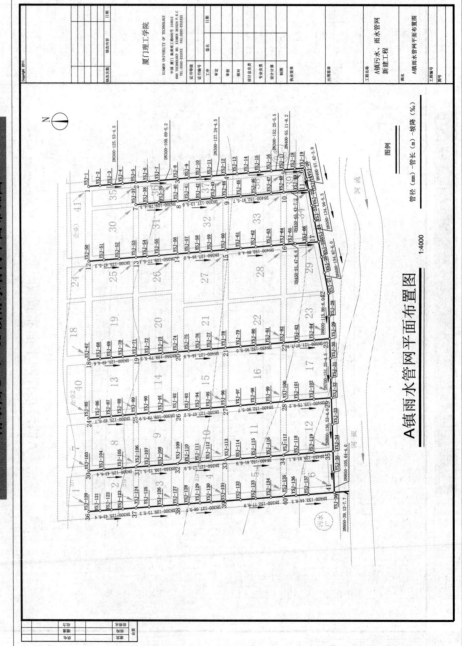

A镇雨水管网平面布置图

1:4000